GUIDE DES TRAVAUX PRATIQUES

DE

PHYSIQUE

A LA FACULTÉ DE MÉDECINE DE MONTPELLIER

PESANTEUR — OPTIQUE

PAR

Le Dʳ Henri BERTIN-SANS

LICENCIÉ ÈS SCIENCES PHYSIQUES

CHEF DES TRAVAUX PRATIQUES DE PHYSIQUE A LA FACULTÉ DE MÉDECINE

AVEC UNE INTRODUCTION

Par M. le Docteur A. IMBERT

PROFESSEUR A LA FACULTÉ DE MÉDECINE

———

DEUXIÈME ÉDITION

REVUE ET CONSIDÉRABLEMENT AUGMENTÉE

Avec 41 figures dans le Texte

———

MONTPELLIER

CAMILLE COULET, LIBRAIRE-ÉDITEUR

LIBRAIRE DE L'UNIVERSITÉ

GRAND'RUE, 5.

PARIS

G. MASSON, ÉDITEUR

LIBRAIRE DE L'ACADÉMIE DE MÉDECINE

120, BOULEVARD SAINT-GERMAIN, 120

1891

GUIDE

DES

TRAVAUX PRATIQUES DE PHYSIQUE

A LA FACULTÉ DE MÉDECINE DE MONTPELLIER

MONTPELLIER. — TYPOGRAPHIE ET LITHOGRAPHIE CHARLES BOEHM.

GUIDE DES TRAVAUX PRATIQUES

DE

PHYSIQUE

A LA FACULTÉ DE MÉDECINE DE MONTPELLIER

PESANTEUR — OPTIQUE

PAR

Le Dr Henri BERTIN-SANS

LICENCIÉ ÈS SCIENCES PHYSIQUES

CHEF DES TRAVAUX PRATIQUES DE PHYSIQUE A LA FACULTÉ DE MÉDECINE

AVEC UNE INTRODUCTION

Par M. le Docteur A. IMBERT

PROFESSEUR A LA FACULTÉ DE MÉDECINE

DEUXIÈME ÉDITION

REVUE ET CONSIDÉRABLEMENT AUGMENTÉE

Avec 41 figures dans le Texte

MONTPELLIER

CAMILLE COULET, LIBRAIRE-ÉDITEUR

LIBRAIRE DE L'UNIVERSITÉ

GRAND'RUE, 5.

PARIS

G. MASSON, ÉDITEUR

LIBRAIRE DE L'ACADÉMIE DE MÉDECINE

120, BOULEVARD SAINT-GERMAIN, 120

1891

INTRODUCTION

Le *Guide*, dont M. le Dʳ H. Bertin-Sans publie aujourd'hui le premier fascicule, est exactement adapté aux opérations pratiques qu'ont à effectuer actuellement les Élèves de la Faculté de Médecine de Montpellier.

L'auteur, qui a pris à cœur ses fonctions de chef de travaux, fonctions qu'il remplit avec le dévouement le plus absolu, était bien préparé pour écrire un tel livre.

L'ouvrage sera prochainement complété par un deuxième fascicule, lorsque l'organisation des travaux pratiques sera complétée elle-même par l'acquisition de nouveaux appareils, par l'organisation à l'Hôpital Saint-Éloi d'un service d'électrothérapie dépendant de la chaire de physique médicale en même temps que des diverses cliniques, etc.

L'enseignement pratique de la physique médicale satisfera alors réellement aux besoins auxquels il répond, et se composera de deux parties :

D'une part, dans le Laboratoire, les Élèves commenceront à se familiariser avec les instruments, les principes, les méthodes ;

D'autre part, dans les cliniques, ils acquerront l'habileté et la sûreté indispensables au praticien.

Grâce à ce supplément d'instruction pratique donnée à l'Hôpital, l'utilité des séances du Laboratoire ne sera plus illusoire comme cela arrive trop souvent.

Ce n'est pas, en effet, après s'être servi pour la première fois, pendant une heure ou deux, d'un ophtalmoscope, après avoir choisi pour lui-même et pour un camarade les verres correcteurs d'une myopie ou d'un astigmatisme, après avoir constaté une fois les effets différents produits par les divers modes d'association des piles, après avoir fait rougir un galvano-cautère, pris en main les électrodes d'un appareil d'induction ou mesuré péniblement une résistance au moyen d'appareils bien entretenus et toujours prêts à fonctionner, que l'étudiant, un an ou deux plus tard, lorsqu'il sera stagiaire dans les diverses cliniques, saura voir un fond d'œil, corriger une anomalie de la vision, mettre en marche et reconnaître au besoin la cause du non-fonctionnement d'un appareil électrique, et qu'il sera convaincu de la nécessité de doser rigoureusement l'énergique agent thérapeutique que constitue l'électricité.

Or, à cette période de ses études médicales, l'étudiant n'aura ni la patience, ni le temps faut-il ajouter, de recommencer une sorte d'apprentissage, d'apprendre une technique quelquefois un peu minutieuse. N'est-ce pas là la principale des causes qui éloignent l'immense majorité des médecins de la pratique de l'ophtalmoscope, de l'électrodiagnostic ou de l'électrothérapie, au grand préjudice des malades peu fortunés et éloignés des grands centres scientifiques ?

Il n'y a pas à démontrer, nous semble-t-il, il est de toute évidence que cette seconde partie de l'enseignement pratique donné à l'Hôpital est le complément nécessaire de celui qui ne peut être qu'imparfaitement dispensé dans les Laboratoires des Facultés de Médecine.

Déjà, mon collègue et ami, M. le professeur agrégé Truc, chargé de la clinique ophtalmologique, a bien voulu réserver l'une de ses consultations hebdomadaires à l'Hôpital pour nos élèves de première année ; ceux-ci, dirigés par le personnel des deux services d'ophtalmologie et de physique médicale, y sont exercés à la pratique de l'ophtalmoscope, à l'examen de l'œil à l'éclairage oblique, à la détermination des anomalies de la vision, à la mesure du champ visuel, etc.

Il suffit de voir l'empressement que mettent nos jeunes étudiants à profiter de ce supplément d'enseignement pratique, pour être convaincu de l'excellence des résultats que donneront tous les essais tentés dans la même voie.

M. H. Bertin-Sans a voulu, en rédigeant son *Guide*, venir en aide à la bonne volonté de nos Élèves et leur rendre la tâche plus facile dans toutes les applications pratiques de la physique ; il aura atteint le but qu'il s'était proposé.

GUIDE

DES

TRAVAUX PRATIQUES DE PHYSIQUE

A LA FACULTÉ DE MÉDECINE DE MONTPELLIER

PESANTEUR

PREMIÈRE MANIPULATION.

1° DES PESÉES ET DE QUELQUES PRÉCAUTIONS A PRENDRE POUR LE MANIEMENT DES BALANCES DE PRÉCISION. — Pour effectuer une pesée, on peut mettre le corps dont on veut déterminer le poids sur un des plateaux de la balance et rétablir l'équilibre ainsi rompu en plaçant sur l'autre plateau des poids marqués, dont la somme représente le poids du corps. Mais le résultat ainsi obtenu dépend de l'exactitude de la balance, et, comme il est impossible de construire une balance rigoureusement exacte, il vaut mieux opérer par la méthode des doubles pesées, méthode due à Borda. Pour cela, on dépose le corps sur un des plateaux, et on lui fait exactement équilibre en versant dans l'autre plateau de la grenaille de plomb ; on fait ainsi la tare du corps. On retire ensuite le corps, et on le remplace par des poids marqués jusqu'à ce que l'équilibre soit rétabli ; les poids nécessaires représentent le poids du corps. Cette méthode est indépendante de la justesse de la balance.

1

Si l'on a plusieurs pesées à faire dans une même séance, on peut avoir recours à un artifice qui évite de faire chaque fois la tare du corps. Pour cela, on fait la tare d'un poids marqué P plus lourd que le plus pesant des objets dont on veut déterminer le poids ; on enlève ensuite le poids P, et on le remplace successivement par les différents objets à peser, en leur ajoutant chaque fois des poids marqués en quantité suffisante, $p_1, p_2, p_3 \ldots$ pour rétablir l'équilibre. Il est évident que les poids cherchés P_1, P_2, $P_3 \ldots$ ajoutés à ces poids marqués, $p_1, p_2, p_3 \ldots$ d'une part, et le poids P d'autre part, sont égaux, puisqu'ils font équilibre à la même tare. On a donc :

$$P = P_1 + p_1 \qquad P = P_2 + p_2 \qquad \text{etc.}$$

d'où :
$$P_1 = P - p_1 \qquad P_2 = P - p_2 \qquad \text{etc.}$$

Il suffira par conséquent, pour avoir le poids de chaque corps, de retrancher du même poids P la valeur des poids marqués qu'il a fallu placer à côté de ce corps pour équilibrer la tare.

Pour faire une pesée avec une balance de précision (fig. 1), il convient de s'asseoir en face de la balance et de vérifier si, en rendant libre le fléau par l'abaissement de la fourchette qui le maintient, l'aiguille perpendiculaire à ce fléau s'arrête au 0 de l'arc gradué devant lequel elle se meut ; si elle n'y vient pas, on l'y amène en agissant sur les vis calantes. Dans le cas où la balance est munie de niveaux à bulle d'air, il vaut mieux se servir de ces niveaux pour rendre son socle absolument horizontal et ne pas se préoccuper alors d'amener exactement l'aiguille sur le 0 de la graduation. La balance étant convenablement réglée, on peut procéder à la pesée. Il faut avoir soin de ne jamais rien placer dans les plateaux sans avoir préalablement immobilisé le fléau ; il faut également éviter de toucher avec les doigts, soit les tares, soit les poids marqués ; on se servira de pinces. Le fléau étant au repos, on place le corps d'un côté et une tare l'équilibrant approximativement de l'autre, cette tare est constituée par un petit seau en cuivre dans lequel on a versé de la grenaille de plomb ; on éteint délicatement avec les pinces les oscilla-

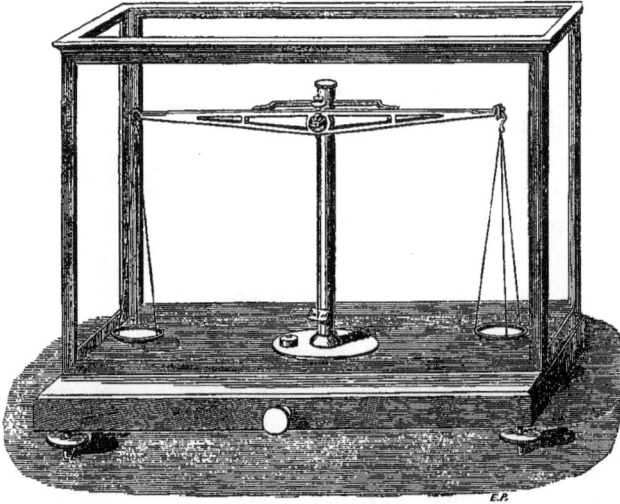

Fig. 1.

tions des plateaux, et l'on ferme les portes vitrées de la cage qui recouvre la balance, afin d'éviter l'influence des courants d'air et de l'humidité (ces précautions doivent être prises à chaque opération) ; on rend alors le fléau libre, et l'on voit de quel côté il s'incline ; on ramène le fléau au repos, et, suivant le cas, on augmente ou diminue la tare en ajoutant ou retranchant des grains de plomb. Soit, par exemple, le cas où la tare est trop légère, on lui ajoute de la grenaille jusqu'à ce qu'elle soit un peu trop lourde ; puis on enlève quelques grains de plomb que l'on met à part, et l'on regarde de quel côté s'incline le fléau ; s'il s'incline du côté de la tare, on rejette les grains de plomb mis à part et on en enlève d'autres ; s'il s'incline du côté du corps, on ajoute à la tare une partie des grains de plomb mis à part et on conserve les autres ; on ajoute une portion de ceux-ci à la tare si elle est encore trop faible ; on les rejette, au contraire, et on en enlève d'autres si elle est trop forte, mais en ayant soin d'en enlever moins qu'on ne vient d'en ajouter. En opérant toujours ainsi, on parvient rapidement à restreindre le nombre des grains de plomb dont l'addition ou la soustraction rend la tare trop forte ou trop faible, et l'on arrive à avoir une tare telle qu'il suffit de lui ajouter un grain de plomb pour faire changer le sens dans lequel s'incline le fléau. On supprime, lorsqu'il en est ainsi, le grain qui rend la tare trop lourde, et on la complète avec du papier d'étain ; il faut opérer avec le papier exactement comme avec la grenaille, c'est-à-dire : prendre d'abord un morceau trop lourd que l'on coupe jusqu'à le rendre trop léger ; ajouter alors des fragments du dernier morceau enlevé jusqu'à ce que la tare soit de nouveau trop forte ; diminuer le dernier morceau ajouté, et ainsi de suite, jusqu'à ce que l'équilibre soit rigoureusement obtenu. On voit qu'il en est ainsi lorsque l'aiguille perpendiculaire au fléau décrit de part et d'autre, sur l'arc gradué, des oscillations égales, ou, plus exactement, en mesurant trois de ces oscillations successives et en constatant que l'amplitude de la seconde est la moyenne des amplitudes de la première et de la troisième.

La tare exacte étant obtenue, on ramène le fléau au repos, et on remplace le corps par des poids marqués. On doit prendre ces poids avec des pinces et essayer d'abord un poids, 10 gram. par exemple, présumé supérieur au poids du corps que l'on pèse. On rend le fléau libre ; on voit si le poids est réellement plus lourd que la tare, et, s'il en est bien ainsi, on remplace le poids essayé par celui qui vient immédiatement après dans la boîte, 5 gram. Si celui-ci est insuffisant, c'est que le poids du corps est compris entre 10 et 5 gram. ; on devra donc laisser sur le plateau le poids de 5 gram. et ajouter le poids immédiatement inférieur, c'est-à-dire 2 gram., puis les suivants et ainsi de suite, en retirant ou laissant un poids selon qu'il est trop fort ou trop faible, mais en ayant soin de commencer toujours par les poids les plus forts et de les essayer successivement d'après leur ordre décroissant, si l'on ne veut s'exposer, surtout quand on n'a pas l'habitude des pesées, à faire une foule de tentatives inutiles.

2° Vérification du principe d'Archimède pour les corps complètement immergés. — *Tout corps plongé dans un liquide éprouve, de bas en haut, une poussée égale en grandeur au poids du liquide qu'il déplace.* — Pour le vérifier expérimentalement, prendre un cylindre plein dont le volume extérieur égale exactement la capacité d'un second cylindre creux. Suspendre le cylindre creux au-dessous de l'un des plateaux de la balance hydrostatique et le cylindre plein au-dessous du cylindre creux ; établir l'équilibre au moyen d'une tare ; soulever le fléau en tournant la manivelle placée contre le pied de la balance ; disposer au-dessous des cylindres un vase aux trois quarts plein d'eau ; abaisser le fléau. L'équilibre est rompu dès que le cylindre plein commence à plonger dans l'eau ; le fléau s'incline d'autant plus que l'immersion est plus complète. Verser avec une pipette de l'eau dans le cylindre creux, et constater que l'équilibre est rétabli lorsque, le cylindre plein étant complètement immergé, le cylindre creux est rempli d'eau.

3° Des densités et des poids spécifiques des solides et des liquides. — On appelle *densité* d'un corps la masse de l'unité de volume de ce corps. On appelle *poids spécifique absolu* d'un corps le poids de l'unité de volume de ce corps. Ce poids spécifique varie pour un même corps avec la situation de ce corps à la surface du globe, puisque sa valeur dépend de l'intensité de la pesanteur dans le lieu considéré ; il varie en outre avec les unités choisies pour mesurer les poids et les volumes et change par conséquent d'un pays à un autre. Pour éviter ces inconvénients, on convient de comparer les poids spécifiques des

différents corps à celui d'un même corps, l'eau distillée à
+ 4° C., pris pour unité; et on appelle alors *poids spécifique
relatif* ou *densité relative* d'un corps à une température
déterminée le rapport qui existe entre le poids de l'unité
de volume de ce corps à cette température et le poids de
l'unité de volume d'eau pure à + 4° C. dans le même lieu,
ou, ce qui revient au même, le rapport de la masse de
l'unité de volume du corps à la température considérée,
et de la masse de l'unité de volume de l'eau pure à + 4°.
Ce rapport est indépendant de la valeur de l'intensité de la
pesanteur au point du globe que l'on considère; il est
également indépendant des unités choisies dans les divers
pays pour mesurer les poids et les volumes. On peut
dire encore que le poids spécifique relatif ou densité relative d'un corps est le rapport qui existe entre le poids
d'un volume quelconque de ce corps et le poids d'un égal
volume d'eau pure à + 4°. Mais si l'on prend pour unité
de poids le poids de l'unité de volume d'eau distillée à 4°
(système C. G. S.), le volume et le poids d'une même quantité d'eau distillée à 4° seront exprimés par le même nombre; et l'on pourra dire enfin que le poids spécifique relatif d'un corps est le rapport qui existe entre les nombres
abstraits qui expriment le poids du corps et le volume
d'eau qu'il déplace ou encore le poids du corps et son
volume, ce poids et ce volume étant évalués en unités
correspondantes.

Dans le langage courant on emploie souvent indifféremment les mots *densité* et *poids spécifique*, et l'on exprime
par là, soit la densité proprement dite, soit le poids spécifique absolu, soit la densité relative, soit le poids spécifique relatif. Il en résulte de fréquentes confusions. Dans
tout ce qui va suivre les mots *densité* et *poids spécifique*
désigneront indistinctement la densité relative ou le poids
spécifique relatif, ces deux expressions pouvant être considérées comme synonymes puisqu'elles représentent des
rapports égaux.

Le poids spécifique ou la densité d'un corps varie pour une même substance avec la température. On est convenu de rapporter toutes les densités à la température de 0° C.

Il résulte de ce qui précède que, pour mesurer le poids spécifique d'un corps, il faut déterminer le poids de ce corps et son volume à 0° ou le poids d'un volume d'eau distillée à 4° égal au volume du corps à 0°. Le quotient des deux nombres ainsi obtenus donne le poids spécifique cherché. Les conditions de température que nous venons d'indiquer étant très difficiles sinon impossibles à réaliser dans la pratique, on ne cherche pas à les produire dans les expériences ; on préfère corriger les résultats trouvés ; il faut donc ramener l'eau à 4° ; il faudrait aussi ramener le corps à 0° et tenir compte enfin de l'erreur que l'on commet en effectuant les pesées dans l'air. On négligera ici ces deux dernières corrections.

Correction due à la température de l'eau. —Nous venons de voir que la densité ou le poids spécifique d'un corps est le rapport qui existe entre les nombres qui expriment le poids de ce corps et son volume en unités correspondantes.

$$d = \frac{p}{v} \qquad (1)$$

Pour mesurer le volume du corps on cherche, en général, le poids p' d'un égal volume v d'eau distillée. Si l'eau est à 4°, le nombre qui exprime ce poids p' en grammes représente le volume v de l'eau et par suite celui du corps en centimètres cubes, car, d'après les conventions indiquées ci-dessus à 4°, mais à 4° seulement, la densité de l'eau est égale à 1, un gramme d'eau correspond à un centimètre cube, et la valeur de p' peut être prise indifféremment pour désigner le volume ou le poids de l'eau. Si l'eau, au lieu d'être à 4°, est à $t°$, sa densité ne sera plus égale à 1, elle sera δ; son volume v, qui est toujours égal à son poids divisé par sa densité, ne pourra plus être exprimé par $\frac{p'}{1}$ ou p', mais bien par $\frac{p'}{\delta}$, et l'on aura en remplaçant v par sa valeur dans l'équation (1):

$$d = \frac{p}{\frac{p'}{\delta}} = \frac{p}{p'}\,\delta$$

Il suffit donc, pour faire la correction relative à la température de l'eau, de mesurer cette température et de chercher sur des tables dressées à cet effet [1] quelle est la valeur correspondante de δ. On n'a plus alors qu'à multiplier le rapport $\frac{p}{p'}$ par δ.

4° DÉTERMINATION DES DENSITÉS PAR LA MÉTHODE DE LA BALANCE HYDROSTATIQUE. — a. *Corps solides pouvant supporter l'immersion dans l'eau et plus denses que l'eau.* — On suspend le corps dont on veut déterminer la densité au-dessous de l'un des plateaux de la balance hydrostatique, et on établit l'équilibre au moyen d'une tare placée sur l'autre plateau ; puis on plonge le corps dans l'eau distillée, et, par de petites secousses, on le débarrasse des bulles d'air qui lui sont adhérentes ; l'équilibre est rompu ; on le rétablit en ajoutant, sur le plateau de la balance sous lequel est suspendu le corps, des poids marqués p ; p représente, d'après le principe d'Archimède, la perte de poids résultant de l'immersion, il représente donc aussi le poids de l'eau déplacée, ou le poids d'un volume d'eau égal au volume du corps. On retire alors le poids p ; on enlève le corps en laissant sous le plateau le fil qui le supportait et on rétablit l'équilibre ; le poids P nécessaire représente le poids du corps. On prend la température t de l'eau dans laquelle on a plongé le corps, et on cherche sur la table la densité

[1] Ces tables sont affichées dans la grande salle des Travaux pratiques.

δ correspondante. La densité du corps d est donnée par la formule :

$$d = \frac{P}{p}\,\delta$$

b. *Corps liquides.* — On se servira pour faire cette détermination d'un plongeur constitué par une boule de verre lestée avec du mercure ou des grains de plomb ; on le suspendra au-dessous de l'un des plateaux de la balance ; on établira l'équilibre au moyen d'une tare placée dans l'autre plateau ; on immergera ensuite le plongeur dans l'eau distillée (mêmes précautions à prendre que ci-dessus) ; l'équilibre sera rompu ; on le rétablira à l'aide de poids marqués p ; p représente le poids de l'eau déplacée, c'est-à-dire d'un volume d'eau distillée égal au volume du plongeur. On enlève le poids p, on retire le plongeur, on l'essuie et on l'immerge dans le liquide dont on veut déterminer la densité. Soit P le poids qu'il faut mettre sur le plateau pour rétablir l'équilibre ; P représente le poids d'un volume de liquide égal au volume du plongeur ; P et p sont donc les poids de volumes égaux de liquide et d'eau. La densité d du liquide sera donnée par la formule :

$$d = \frac{P}{p}$$

Si t est la température de l'eau distillée et du liquide, on multipliera le résultat obtenu par δ, densité de l'eau à la température t, et l'on aura ainsi la densité du liquide à $t°$.

5° Détermination des densités par la méthode du flacon. — a. *Corps solides.* — On emploie pour cette détermination un flacon à densité (fig. 2) dont le goulot, assez large, est usé à l'émeri ; le bouchon, également usé à l'émeri de façon à s'enfoncer d'une quantité toujours égale, est creux et surmonté d'un tube très étroit sur lequel est marqué un trait de repère. Ce tube est terminé par un petit

entonnoir à sa partie supérieure[1]. On remplit complètement le flacon d'eau distillée et bouillie dont on a noté la
température $t°$; on le bouche; l'eau déplacée par le bouchon
vient se loger dans le tube qui le surmonte et
doit affleurer au trait de repère. Si l'eau n'atteint pas ce niveau, il faut recommencer l'opération, c'est-à-dire : déboucher le flacon, bien
sécher avec du papier buvard l'intérieur du
bouchon[2], achever de remplir le flacon et le
reboucher ensuite. Si l'eau dépasse au contraire
le trait de repère, il suffit d'enlever l'excès
avec un petit rouleau de papier buvard. (Il faut avoir
soin de tenir constamment le flacon par son goulot afin
d'échauffer le moins possible avec la main l'eau qu'il renferme. Si l'on ne prend cette précaution, l'eau se dilatant
dépasse le niveau du trait de repère, et, comme on
enlève l'excès, on a finalement un flacon rempli d'eau à
une température inconnue et non à la température $t°$
mesurée.) Une fois que le flacon est rempli d'eau à $t°$ jusqu'au trait de repère, on l'essuie avec soin et on le porte
sur l'un des plateaux de la balance; on place à côté de
lui le fragment du corps dont on veut déterminer la densité, et on établit l'équilibre au moyen d'une tare placée
sur l'autre plateau. Laissant ensuite le flacon sur le plateau,
on enlève le corps et on le remplace par des poids marqués P. P représente le poids du corps. On retire alors
du plateau le poids P et le flacon. On débouche le flacon et
on y laisse tomber le corps; celui-ci déplace une certaine
quantité d'eau. On essuie l'intérieur du bouchon, on rebouche le flacon, et l'on fait en sorte, en opérant comme nous
l'avons indiqué ci-dessus, que l'eau affleure au trait de
repère du bouchon. En admettant, ce qui peut être consi-

Fig. 2.

---

[1] Ce petit entonnoir n'est pas représenté sur la figure.

[2] Cette précaution est nécessaire pour éviter la formation dans le tube
de chapelets qui gêneraient l'ascension du liquide lorsque l'on enfoncerait le bouchon dans le goulot.

déré comme sensiblement exact, que la température de
l'eau n'a pas changé depuis le début de l'expérience, il est
alors sorti du flacon un volume d'eau à $t°$ égal au volume
du corps. Si donc on reporte sur le plateau de la balance
le flacon soigneusement essuyé, la tare ne lui fera plus
équilibre ; il faudra, pour rétablir l'équilibre, ajouter à côté
du flacon un poids p qui représentera le poids de l'eau à
$t°$ déplacée par le corps. La densité du corps à $t°$ sera
donc :

$$d = \frac{P}{p} \delta \qquad (1)$$

δ représentant la densité de l'eau à $t°$.

Remarque. — Si l'on voulait obtenir la densité avec plus
d'exactitude encore, il faudrait prendre certaines précautions que l'on peut négliger ici à cause du temps qu'elles
exigent, mais qu'il est pourtant bon de connaître. Il faudrait d'abord remplir toujours le flacon non avec de l'eau
à $t°$ mais avec de l'eau à 0°, c'est-à-dire qu'il faudrait à
chaque fois (soit quand il ne contient que de l'eau, soit
quand on y a placé le corps) entourer le flacon, un quart
d'heure environ, de glace fondante et faire au bout de ce
temps seulement affleurer le niveau de l'eau au trait de
repère du bouchon sans retirer le flacon de la glace. Dans
ce cas, il est indispensable de laisser revenir le flacon à la
température de la salle avant de le porter, bien essuyé,
sur le plateau de la balance. Si l'on n'opérait ainsi, la
vapeur d'eau contenue dans l'air se condenserait à la
surface du verre et fausserait par suite les résultats.

Il serait bon, en outre, de placer le flacon, après qu'on
y aurait introduit le corps, sous la cloche d'une machine
pneumatique, et de faire le vide à plusieurs reprises afin
de chasser aussi complètement que possible les bulles
d'air qui pourraient être adhérentes au corps.

Dans ces nouvelles conditions, δ représentera la densité
de l'eau à 0°, et l'équation (1) donnera très exactement la

densité du corps à $0°$; le résultat n'aura seulement pas
subi la correction relative à la poussée de l'air.

b. *Corps liquides.* — On se sert pour cette détermination d'un flacon à densité semblable à celui qu'on a employé dans la manipulation précédente, mais à goulot plus
étroit. On place ce flacon vide et sec sur l'un des plateaux
de la balance, et à côté de lui un poids de n grammes évidemment supérieur au poids du liquide qu'il peut contenir;
on fait la tare; on enlève le poids n ainsi que le flacon,
que l'on débouche et que l'on remplit du liquide dont on
veut déterminer la densité ; on rebouche le flacon, et l'on
fait en sorte que le niveau du liquide arrive au moins jusqu'à la naissance du petit entonnoir qui surmonte le tube
du bouchon ; on ajoute alors quelques gouttes de liquide
dans ce petit entonnoir, et on porte enfin le flacon dans la
glace fondante. Le niveau du liquide s'abaisse ; on laisse
le flacon un quart d'heure dans la glace ; au bout de ce
temps on enlève avec un petit rouleau de papier buvard
du liquide mis en excès jusqu'à ce que le niveau affleure
au trait de repère gravé sur le bouchon, et on essuie,
également avec du papier buvard, l'intérieur du petit entonnoir. On retire alors seulement le flacon de la glace ;
on attend qu'il ait repris la température ambiante ; on
l'essuie soigneusement à l'extérieur et on le porte sur le
plateau de la balance. Soit P le poids qu'il faut ajouter à
côté de lui pour rétablir l'équilibre; $n - P$ représente le
poids du liquide contenu à $0°$ dans le flacon.

On retire du plateau de la balance le poids P et le flacon;
on vide ce dernier, et on le lave à plusieurs reprises avec
de l'eau distillée que l'on jette après chaque lavage ; on
lave de même le bouchon, que l'on essuie ensuite soigneusement à l'intérieur; puis on remplit le flacon d'eau distillée dont on a noté la température $t°$. En opérant comme
nous l'avons indiqué à propos de la détermination des
densités des solides, et en ayant soin de prendre les

mêmes précautions, on fait affleurer le niveau de l'eau au trait marqué sur le bouchon. On replace le flacon soigneusement essuyé sur le plateau de la balance, et à côté de lui le poids P′ nécessaire pour équilibrer la tare ; $n - P'$ représente le poids de l'eau contenue à t^o dans le flacon, c'est-à-dire, si on néglige la dilatation de l'enveloppe de verre de 0° à t^o, le poids d'un volume d'eau à t^o égal au volume de liquide à 0° dont le poids est $n - P$. On a donc :

$$d \text{ (densité cherchée)} = \frac{n - P}{n - P'} \, \delta$$

δ étant la densité de l'eau à t^o.

Remarques. — La marche que nous avons adoptée permet d'éviter de sécher le flacon au cours de la détermination. Nous avons substitué à cette opération un lavage qui est plus facile et plus rapide [1].

Au lieu de remplir le flacon d'eau à t^o il serait préférable de le remplir d'eau à 0°, en opérant comme nous l'avons indiqué pour le liquide ; δ représenterait alors la densité de l'eau à 0°. Si nous faisons employer ici de l'eau à t^o, c'est parce que cela exige moins de temps et que l'erreur qui provient de ce fait est très faible.

Lorsqu'il s'agit de déterminer la densité d'un liquide assez volatil, on emploie des flacons de forme spéciale que l'on peut hermétiquement boucher de façon à s'opposer à l'évaporation.

---

[1] Si le liquide dont on a à déterminer la densité n'était pas soluble dans l'eau, on laverait le flacon avec un liquide (alcool, éther, etc.) dans lequel le liquide en question serait soluble, avant de le laver à l'eau distillée.

DEUXIÈME MANIPULATION.

1° VÉRIFICATION DU PRINCIPE D'ARCHIMÈDE POUR LES CORPS FLOTTANTS. — *Quand le poids d'un corps placé dans un liquide est plus petit que la poussée exercée par le liquide sur le corps, le corps flotte à la surface du liquide, et il est alors immergé d'une quantité telle que le poids du volume de liquide déplacé est égal au poids du corps.* Pour le vérifier on prend deux vases communiquants ; l'un de ces vases est fort large ; l'autre, assez étroit, est muni d'un curseur, et porte à sa partie inférieure un ajutage à robinet. On met de l'eau dans ce système de vases et on marque, au moyen du curseur, le niveau du liquide dans la branche étroite. On place alors un flotteur et un verre sur l'un des plateaux d'une balance Roberval ; on fait la tare ; on enlève le flotteur ; l'équilibre est rompu. On porte le flotteur dans la branche large de l'appareil ; il déplace un certain volume d'eau, et le niveau du liquide s'élève par suite dans les deux vases. On ouvre le robinet et on reçoit l'eau qui s'écoule dans le verre placé sur le plateau de la balance ; on laisse l'eau s'écouler jusqu'à ce que le niveau dans la branche étroite soit tangent au plan du curseur. Ce niveau se trouve ainsi, à cause de la position du robinet sur la branche étroite, un peu au-dessous de celui du liquide dans la branche large. Si on ferme alors le robinet, on voit les niveaux s'égaliser dans les deux branches, et par conséquent le liquide remonter dans la branche étroite au-dessus du curseur ; il faut donc laisser s'écouler encore une petite quantité d'eau, et cela jusqu'à ce que, le robinet étant fermé, le niveau du liquide coïncide bien dans la branche étroite avec celui du curseur. Lorsque ce résultat est obtenu, il s'est écoulé dans le verre un volume d'eau égal à celui qu'a déplacé le flotteur ; le poids de ce volume est égal au poids du flotteur, puisque, comme on peut le constater, il fait équilibre sur la balance à la même tare.

2° DÉTERMINATION DE LA DENSITÉ D'UN CORPS SOLIDE
POUVANT SUPPORTER L'IMMERSION DANS L'EAU, PAR L'ARÉO-
MÈTRE DE NICHOLSON.— Plonger l'aréomètre dans de l'eau
distillée contenue dans une grande éprouvette ; placer sur
l'éprouvette en guise de couvercle un diaphragme fendu
depuis le bord jusqu'au centre et présentant en ce point une
ouverture circulaire qui donnera passage à la tige de l'aréomètre. Ce diaphragme est destiné à maintenir l'instrument
au milieu de l'éprouvette, afin d'éviter qu'il se produise
contre les parois des frottements qui rendraient la détermination plus difficile et fausseraient les résultats ; il est
également destiné à empêcher l'aréomètre de s'enfoncer
complètement dans l'eau, en entraînant toute sa charge,
lorsqu'on ajoute un poids trop fort sur le plateau supérieur.
Placer sur ce plateau le corps dont on veut déterminer la
densité et ajouter à côté de lui, dans un petit dé en cuivre,
de la grenaille de plomb et du papier d'étain en quantité
suffisante pour faire affleurer l'instrument dans l'eau au
trait marqué sur la tige ; enlever alors le corps et le remplacer par des poids marqués P, de manière à produire le
même affleurement. P représente le poids du corps dans
l'air. Retirer les poids marqués P du plateau supérieur ;
placer le corps sur le plateau inférieur ; plonger de nouveau l'appareil dans l'eau distillée et lui imprimer de petites
secousses pour détacher les bulles d'air qui adhèrent au
corps. Le corps plongé dans l'eau éprouve une poussée, si
bien que l'affleurement qui avait été obtenu lorsque le
corps était placé dans l'air, sur le plateau supérieur, n'est
plus réalisé lorsque ce même corps est placé au milieu
de l'eau, sur le plateau inférieur. Pour le rétablir, il faut
ajouter sur le plateau supérieur des poids marqués p, qui
représentent le poids d'un volume d'eau égal à celui du
corps. On aura donc :

$$d = \frac{P}{p}$$

Remarques. — Il est inutile ici, à cause du peu de

sensibilité de la méthode, de faire la correction relative à la température de l'eau. Si le corps était plus léger que l'eau, il faudrait retourner le plateau inférieur et placer le corps au-dessous de lui, en ayant soin de bien chasser les bulles d'air après l'immersion de l'instrument.

3° DÉTERMINATION DE LA DENSITÉ D'UN LIQUIDE PAR L'ARÉOMÈTRE DE FAHRENHEIT. — On détermine à l'aide d'une balance, et par la méthode de la double pesée, le poids dans l'air, A, de l'aréomètre bien sec, que l'on porte ensuite dans une éprouvette contenant de l'eau distillée ; on met en place le diaphragme qui a servi pour la détermination précédente, et l'on ajoute sur le plateau qui forme la partie supérieure de l'aréomètre des poids marqués p en quantité suffisante pour faire affleurer l'instrument au trait marqué sur la tige. Le poids du volume d'eau déplacée est alors, en vertu de ce que nous avons dit à propos des corps flottants, égal au poids A + p du flotteur. On essuie l'instrument avec du papier buvard, et on le porte dans le liquide dont on veut déterminer la densité. Soit p' le poids qu'il faut ajouter sur le plateau pour produire l'affleurement au même trait que tout à l'heure ; A + p' représentera le poids d'un volume de liquide égal au volume d'eau distillée dont le poids est représenté par A + p; la densité cherchée sera donc donnée par la formule :

$$d = \frac{A + p'}{A + p}$$

4° DÉTERMINATION DE LA DENSITÉ D'UN LIQUIDE A L'AIDE D'UN VOLUMÈTRE. — Les volumètres sont constitués par des flotteurs en verre lestés avec du mercure, renflés vers leur partie inférieure et terminés à leur partie supérieure par une tige cylindrique dont les degrés correspondent à des capacités égales. Chaque division de la tige indique le volume de la portion de l'instrument comprise entre cette division et la base du volumètre, la division 1000 correspondant par convention au point d'affleurement du volumètre dans l'eau distillée à 4°. Cette division 1000 est à la partie supérieure de la tige sur les volumètres destinés aux liquides plus denses que l'eau ; elle est à la partie inférieure sur ceux qui sont destinés aux liquides moins denses.

Puisque, plongé dans l'eau distillée à 4°, le volumètre affleure au trait 1000 et qu'il flotte, c'est que le poids du volume $V = 1000$ d'eau distillée qu'il déplace est égal à son propre poids. On a par conséquent, en appelant δ la densité de l'eau distillée à 4° et P le poids de l'instrument :

$$P = V\delta = 1000\,\delta = 1000 \qquad (1)$$

puisque δ égale 1. L'appareil plongé dans le liquide dont on veut déterminer la densité d affleure au trait n ; le volume déplacé V' est égal à n, et le poids de ce volume est égal au poids P de l'instrument. On a donc encore :

$$P = V'\,d = n\,d \qquad (2)$$

Des équations (1) et (2) on tire :

$$V'\,d = V\,\delta$$

ou encore : $\qquad n\,d = 1000$

d'où : $\qquad d = \dfrac{1000}{n}$

Il suffit donc, pour avoir la densité d'un liquide, de plonger le volumètre dans ce liquide, de noter le point d'affleurement et de diviser 1000 par le nombre trouvé.

5° DÉTERMINATION DE LA DENSITÉ D'UN LIQUIDE A L'AIDE D'UN DENSIMÈTRE. — Il suffit de plonger l'appareil dans le liquide dont on veut connaître la densité ; celle-ci est indiquée sur la graduation au point d'affleurement. Le densimètre est en effet un volumètre sur la graduation duquel

2

on a substitué aux divisions n, n'... représentant des capacités, les quotients $\dfrac{1000}{n}$, $\dfrac{1000}{n'}$... du volume d'affleurement dans l'eau distillée 1000 par ces mêmes divisions n, n'... Les chiffres inscrits sur l'échelle indiquent donc directement la densité.

Remarque. — Les volumètres et les densimètres ne permettent de déterminer les densités qu'avec une approximation assez grossière.

6° DÉTERMINATION DE LA DENSITÉ D'UNE URINE A L'AIDE D'UN URODENSIMÈTRE. — Les urodensimètres ne diffèrent guère des densimètres ordinaires que par la moindre étendue de leur échelle qui est comprise entre les limites extrêmes que peut atteindre la densité de l'urine. Ces instruments donnent directement par la simple lecture du point d'affleurement la densité de l'urine dans laquelle on les plonge.

Remarque. — On a cherché à calculer la quantité de principes solides contenus dans une urine d'après sa densité ; pour cela on multiplie par 2 les deux derniers chiffres de la densité exprimée en millièmes, et le produit représente le nombre de grammes de parties solides contenues dans un litre de l'urine examinée, soit 40 gram. si la densité est 1020, c'est-à-dire 1,020. Ce procédé ne donne que des résultats approximatifs.

7° ALCOOMÈTRE CENTÉSIMAL DE GAY-LUSSAC. DÉTERMINATION DE LA RICHESSE ALCOOLIQUE D'UN VIN A L'AIDE DE L'APPAREIL DE SALLERON ET DE CET ALCOOMÈTRE. — L'alcoomètre centésimal de Gay-Lussac est un aréomètre à poids constant gradué au moyen d'immersions successives dans des mélanges d'alcool absolu et d'eau distillée à des titres différents mais connus, 0 %, 5 %, 10 %... 95 %, 100 %, ces mélanges étant à la température de 15° C. On a marqué les divisions 0, 5, 10... 95, 100 aux points d'affleurement de l'instrument dans ces divers mélanges, et l'intervalle compris entre deux divisions consécutives a été partagé en cinq parties égales. Il résulte de ce mode de graduation que la simple lecture du point d'affleurement de l'alcoomètre dans un liquide constitué uniquement par un mélange d'alcool et d'eau distillée indique, si ce liquide est à 15°, la proportion pour 100 en volume de l'alcool pur qui y est contenu. Si la température n'est pas à 15°, des tables à double entrée dressées à cet effet[1] permettent de déduire, de l'indication de l'alcoomètre, le titre exact du liquide. Cet instrument ne peut servir à déterminer la richesse alcoolique d'un liquide complexe, c'est-à-dire contenant autre chose que de l'alcool et de l'eau, et l'on ne peut par exemple rien conclure des indications qu'il fournit quand on le plonge directement dans un vin à essayer.

On a alors recours à l'appareil de Salleron (fig. 3), qui

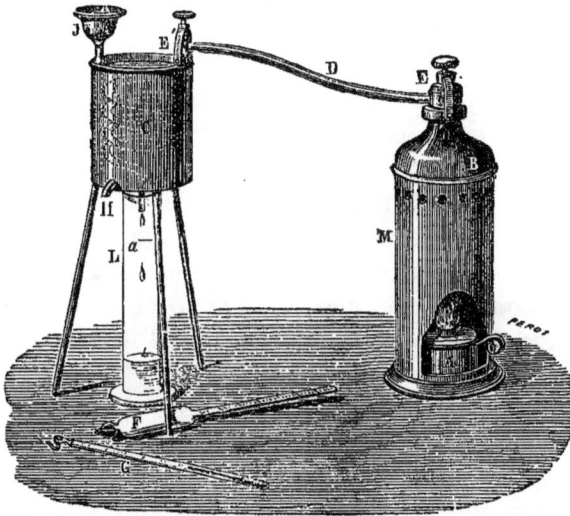

Fig. 3.

consiste en une petite chaudière B, un serpentin C et une

---

[1] Ces tables sont affichées dans la grande salle des Travaux pratiques.

éprouvette graduée L. On remplit l'éprouvette du vin à
titrer jusqu'au trait a ; on verse ce vin dans la chaudière ;
on met un peu d'eau distillée dans l'éprouvette ; on la rince
et on ajoute cette eau distillée au vin de la chaudière. On
place l'éprouvette au-dessous du serpentin afin de recueillir
les produits de la distillation, qui peuvent être considérés
comme uniquement constitués par de l'eau et de l'alcool ;
puis on réunit la chaudière au serpentin par le tube D.
L'appareil étant ainsi disposé, on chauffe, doucement, afin
d'éviter les projections de liquide, le vin contenu dans la
chaudière, et l'on met aussitôt dans le vase qui renferme
le serpentin de l'eau froide qu'on a soin de renouveler de
temps à autre (il suffit pour cela d'ajouter de l'eau en la
versant dans un petit entonnoir J dont le tube descend jusqu'au fond du vase, un trop-plein H aboutissant à la partie
supérieure de ce même vase permet à l'eau réchauffée, par
le fait de la condensation des vapeurs dans le serpentin,
de s'écouler au dehors). On arrête la distillation quand
l'éprouvette graduée est remplie jusqu'au trait $1/2$; car il
est prouvé par l'expérience que le mélange d'alcool et
d'eau qu'elle renferme alors contient tout l'alcool du vin
placé dans la chaudière. On ajoute de l'eau distillée jusqu'au
trait a, de façon à ramener le volume du mélange à celui
du vin essayé. On a ainsi substitué au vin dont on cherche
le titre un mélange d'alcool et d'eau contenant la même
proportion d'alcool que lui. On pourra déterminer la
richesse alcoolique de ce mélange avec l'alcoomètre de Gay-
Lussac F, comme nous l'avons indiqué ci-dessus. Un petit
thermomètre G plongé dans l'éprouvette en même temps
que l'alcoomètre permettra d'estimer la température du
mélange et par suite d'effectuer à l'aide des tables la correction relative à cette température. On doit pour cela chercher, dans la première ligne horizontale de la table, le
nombre fourni par l'indication de l'alcoomètre, et dans la
première colonne verticale, la température donnée par le
thermomètre ; au point de rencontre de la colonne verticale

commençant par le premier de ces nombres et de la ligne horizontale commençant par le second est inscrite la richesse alcoolique corrigée. Le chiffre ainsi trouvé représentera la proportion pour 100, en volume, de l'alcool pur contenu dans le vin essayé.

8° DÉTERMINATION DE LA DENSITÉ D'UN LIQUIDE A L'AIDE D'UN DENSIMÈTRE DE ROUSSEAU. — Les densimètres de Rousseau sont des aréomètres dont la tige, surmontée d'une petite cupule destinée à recevoir le liquide dont on veut déterminer la densité, est graduée en parties d'égale capacité, en millimètres cubes par exemple. L'instrument muni de sa cupule vide et sèche s'enfonce dans l'eau distillée à 4° jusqu'en un point situé sur la partie renflée et qui représente le 0 de la graduation. Si l'on verse dans la cupule un centimètre cube d'eau distillée à 4°, on augmente de 1 gram. le poids du densimètre, qui s'enfonce alors de façon à déplacer un centimètre ou mille millimètres cubes d'eau distillée de plus qu'il n'en déplaçait avant cette surcharge, et affleure par suite à une division qui sera le degré 1000 de l'échelle. Le nombre inscrit en face de chaque division indique en millimètres cubes le volume de la partie de l'instrument comprise entre cette division et le 0 de la graduation. Si donc l'on met dans la cupule, à la place d'eau distillée, un centimètre cube du liquide dont on cherche la densité et si le densimètre, toujours plongé dans l'eau distillée à 4°, affleure alors au trait n, cela signifiera que l'instrument déplace n millimètres cubes d'eau distillée de plus que lorsque sa cupule était vide et que par suite son poids a augmenté de n milligrammes. n milligrammes est donc le poids de mille millimètres cubes du liquide examiné, et $\dfrac{n}{1000}$ est la densité cherchée.

Les densimètres de Rousseau sont de deux espèces : les uns, destinés aux liquides plus lourds que l'eau, ont été lestés de telle sorte que le trait 1000 se trouve vers la base de

leur tige; les autres, destinés aux liquides plus légers que
l'eau, portent au contraire ce même trait vers le sommet de
leur tige. Le manuel opératoire est le même dans les deux
cas. Voici exactement en quoi il consiste :

On place d'abord le densimètre dans une éprouvette à
pied contenant de l'eau distillée; puis, à l'aide d'une pipette
graduée, on verse soigneusement un centimètre cube d'eau
distillée dans la petite cupule que l'on tient à la main ;
cette cupule porte du reste, en général, un trait qui correspond à une capacité de 1 centimètre cube ; si l'on n'a pas
de pipette graduée à sa disposition, il suffira donc de
verser, avec une pipette ordinaire, et en évitant de mouiller
les parois, de l'eau dans la cupule, jusqu'à ce que la partie
inférieure du ménisque concave de ce liquide affleure au
trait en question. Lorsque la cupule contient un centimètre
cube d'eau on la place délicatement sur la tige du densimètre; celui-ci s'enfonce alors graduellement dans l'eau
qui le baigne; on l'arrête de temps en temps dans son
mouvement de descente en saisissant sa tige entre deux
doigts, afin d'éviter que, par suite de sa vitesse acquise
ou, parfois aussi, de l'impulsion donnée en mettant la
cupule en place, cette cupule arrive à toucher la surface
de l'eau contenue dans l'éprouvette. S'il en était ainsi, l'eau
mouillerait la partie inférieure de la cupule, augmenterait
son poids, et les indications de l'instrument seraient dès lors
erronées. Après quelques oscillations, le densimètre se fixe,
et l'on s'assure que le point d'affleurement est bien alors
la division 1000 [1]. Cela fait, on retire la cupule, on la vide,
on l'essuie soigneusement avec du papier buvard, et on y
verse, en opérant comme tout à l'heure, un centimètre
cube du liquide dont on veut déterminer la densité ; puis
on remet la cupule sur la tige du densimètre qui est toujours plongé dans l'eau distillée; on prend les mêmes

[1] S'il en était autrement, cela proviendrait sans doute de ce que l'on
aurait changé les cupules des deux densimètres qui sont mis à la disposition des élèves, et placé sur l'un de ces instruments la cupule qui fait
partie de l'autre.

précautions que précédemment pour éviter l'immersion de la cupule, et, lorsque le densimètre a cessé d'osciller, on lit la division n à laquelle il affleure; $\dfrac{n}{1000}$ est, d'après ce que nous avons vu ci-dessus, la densité cherchée.

Remarques. — Si l'eau dans laquelle est plongé le densimètre n'est pas à 4°, il est inutile de faire la correction relative à la température ; les résultats fournis par les densimètres de Rousseau ne sont pas suffisamment approchés pour que cette correction ait ici quelque valeur.

Les densimètres de Rousseau ont le grand avantage de permettre de déterminer la densité d'un liquide dont on ne possède qu'une faible quantité.

TROISIÈME MANIPULATION.

1° Compte-Gouttes. Valeur des gouttes. — a. *Quand un liquide s'écoule à travers une ouverture suffisamment étroite pour que l'écoulement ait lieu goutte à goutte, le poids des gouttes dépend, pour un même liquide, des dimensions de l'ouverture à travers laquelle se fait l'écoulement.* Ce poids est par suite, comme on va le vérifier, essentiellement variable avec le compte-gouttes employé, et l'on comprend toute l'importance qui s'attache au choix du compte-gouttes lorsqu'on prescrit à un malade un nombre déterminé de gouttes d'une substance toxique.

Le compte-gouttes de Salleron (fig. 4) se compose essentiellement d'un petit ballon portant une tubulure latérale par laquelle le liquide peut s'écouler goutte à goutte. On versera dans le ballon un liquide quelconque, une solution de potasse par exemple, jusqu'à un niveau inférieur à celui de la tubulure latérale ; il

Fig. 4.

suffira dès lors, lorsqu'on voudra faire écouler le liquide,

d'incliner le ballon du côté de cette tubulure (voir fig. 4).
On disposera sur l'un des plateaux d'une balance sensible
un petit vase en verre de Bohême et, à côté de lui, un
poids de 5 gram. On fera la tare ; puis on retirera le poids
de 5 gram. du plateau, et on laissera tomber dans le petit
vase de verre 20 gouttes de la solution contenue dans le
compte-gouttes de Salleron. Soit p le poids qu'il faudra
ajouter à côté du vase pour rétablir l'équilibre ; $5^{gr} - p$ représentera le poids de 20 gouttes du liquide examiné ; on n'aura
qu'à diviser $5^{gr} - p$ par 20 pour avoir le poids d'une goutte.
On retirera le poids p du plateau, on videra et lavera convenablement à l'eau distillée le vase de verre, et, après l'avoir
essuyé et bien séché avec du papier buvard, on le repor-
tera sur le plateau de la balance. On introduira alors une
portion de la même solution de potasse que tout à l'heure
dans un compte-gouttes ordinaire (ce petit appareil est
constitué par un tube effilé à une de ses extrémités et
muni à l'autre d'une petite poire en caoutchouc qui
permet d'y faire pénétrer ou d'en expulser le liquide). On
opérera comme précédemment : on versera 20 gouttes dans
le vase de Bohême, et l'on cherchera le nouveau poids p'
nécessaire pour rétablir l'équilibre ; il suffira de diviser
$5^{gr} - p'$ par 20 pour avoir le poids d'une goutte de la solution de potasse donnée par le nouveau compte-gouttes. Ce
poids sera en général notablement différent du premier.

b. *Pour un même compte-gouttes le poids des gouttes
dépend de la nature du liquide examiné.* M. Duclaux a
déduit de là une méthode fort simple pour faire l'analyse
quantitative d'un mélange d'alcool et d'eau. On se bornera
à constater ici l'inégalité de poids de deux gouttes de deux
liquides différents données par un même compte-gouttes.
Pour cela on pèsera comme nous l'avons indiqué ci-dessus
20 gouttes d'une solution alcoolique à 10 °/₀ par exemple,
données par un compte-gouttes de Salleron; puis on pèsera
également 20 gouttes d'une solution alcoolique à un autre

titre, données par le même compte-gouttes[1]. Des poids trouvés on déduira facilement le poids de chaque goutte, et l'on verra que les valeurs ainsi obtenues sont sensiblement différentes dans les deux cas. On conçoit que, grâce à des essais préalables faits avec des solutions à des titres connus, il soit possible de déduire du poids d'une goutte, ou du nombre de gouttes nécessaire pour faire un poids ou même un volume déterminé, le titre d'une solution alcoolique quelconque.

Remarque. — Les compte-gouttes de Salleron sont tous identiques. Les dimensions de leur orifice d'écoulement sont calculées de telle façon que le poids d'une goutte d'eau distillée à + 15° soit de 5 centigr. Il faudra donc 20 gouttes d'eau distillée pour faire 1 gram. Nous reproduisons ci-contre un tableau dû au Dr O. Réveil, qui indique, pour un certain nombre de liquides employés en médecine, la valeur d'une goutte donnée par le compte-gouttes de Salleron (colonne A) et le nombre de gouttes nécessaires pour représenter 1 gram. (colonne B). Il sera facile de déterminer à l'aide de ce tableau le nombre de gouttes correspondant à un poids donné de liquide, ou le poids correspondant à un nombre de gouttes donné. Il suffit, pour effectuer la première de ces deux déterminations, de multiplier le poids donné, exprimé en grammes, par le nombre inscrit dans la colonne B en face du liquide considéré ; pour effectuer la seconde il faut multiplier le nombre de gouttes donné par le chiffre inscrit dans la colonne A, le produit donne en grammes le poids cherché.

[1] Il faut avoir soin de bien nettoyer et sécher le compte-gouttes après chaque détermination.

TABLEAU.

NOMS DES LIQUIDES Température + 15°	A POIDS d'une GOUTTE	B NOMBRE DE GOUTTES pour 1 GRAMME
	Grammes	
Acide azotique	0.0370	27 [1]
— chlorhydrique	0.0500	20
— cyanhydrique au 8°	0.0402	25
— cyanhydrique au 24°	0.0420	24
— sulfurique	0.0350	29
Alcool à 86°	0.0160	62
— nitrique	0.0189	53
Alcool de cochléaria	0.0181	55
Alcoolature d'aconit	0.0192	52
Ammoniaque à 23°	0.0454	22
Chloroforme	0.0166	60
Eau distillée pure	0.0500	20
— de fleurs d'oranger	0.0384	26
— de laurier-cerise	0.0500	20
— de Rabel	0.0181	55
Eau sucrée à 10 %	0.0500	20
— 20 %	0.0500	20
— 40 %	0.0500	20
Éther sulfurique à 60°	0.0111	90
— acétique	0.0256	39
Glycérine	0.0416	24
Laudanum de Rousseau	0.0294	34
— de Sydenham	0.0294	34
Liqueur d'Hoffmann	0.0116	86
— de Fowler	0.0434	23
— de Van Swieten	0.0333	30
Sirop à 35°	0.0555	18
Solution de sulfate de strychnine 1/100	0.0500	20
— — — 1/1000	0.0500	20
— d'atropine 1/100	0.0500	20
— — 1/1000	0.0500	20
— de nitrate d'argent, part. égales	0.0500	20
— — au quart	0.0500	20
— — au huitième	0.0500	20
Solution de sulfate de zinc, 0,30 pour 30 gr.	0.0500	20
Soude caustique à 36°	0.0636	16
Teinture d'arnica	0.0192	52
— de belladone	0.0192	52
— de colchique	0.0192	52
— de digitale	0.0172	58
— de rhubarbe	0.0185	54
— de scille	0.0185	54
— de valériane	0.0192	52
— éthérée de digitale	0.0122	82
Vinaigre blanc 8 %	0.0378	26
— radical	0.0276	36

[1] Nous avons négligé les fractions de goutte et quelques fractions dans la quatrième décimale des grammes.

2° MESURE ET TRACÉ DE LA PRESSION LATÉRALE EN UN POINT D'UN TUBE ÉLASTIQUE PARCOURU PAR DES ONDES LIQUIDES, A L'AIDE DU MANOMÈTRE MÉTALLIQUE INSCRIPTEUR DE MAREY. — Une poche en caoutchouc pleine d'eau, qui, grâce à un dispositif spécial, est alternativement comprimée et abandonnée à elle-même, envoie à chaque compression la majeure partie du liquide qu'elle renferme dans un tuyau également en caoutchouc et terminé à son extrémité libre par un tube assez étroit qui s'oppose à l'écoulement trop rapide de l'eau lancée dans le tuyau. La poche en caoutchouc est munie de soupapes convenablement disposées ; elle est en relation avec un réservoir plein d'eau, si bien qu'elle se remplit en vertu de sa propre élasticité chaque fois qu'elle est abandonnée à elle-même. On a ainsi un grossier schéma de la circulation artérielle. Le tuyau de caoutchouc présente un ajutage latéral qui permet de le mettre en communication avec le manomètre métallique inscripteur de Marey pour mesurer la pression latérale au point qui correspond à cet ajutage.

Le manomètre métallique inscripteur de Marey (fig. 5) est constitué par une capsule de baromètre anéroïde m qui communique d'un côté avec un tube en caoutchouc T destiné à être mis en relation avec le point où l'on veut déterminer la pression latérale, de l'autre avec un manomètre à mercure b ; cette seconde branche de communication est, en général, munie d'un petit tube à robinet qui s'ouvre dans l'air. (Ce tube n'est pas représenté sur la figure.) La capsule m est renfermée dans un vase métallique surmonté d'un large tube en verre que l'on peut fermer par un bouchon traversé lui-même par un tube plus étroit. On commencera par remplir d'eau la capsule et les deux tubes qui en partent ; il suffira pour cela d'ouvrir le robinet dont nous venons de parler et de faire circuler dans l'appareil un courant d'eau que l'on fait arriver par le tube T et sortir par l'autre, de façon à chasser l'air aussi complète-

ment que possible ¹. Quand ce résultat est atteint, on
ferme le robinet, on place une pince à l'extrémité du tube T
par lequel arrivait l'eau, et on relie directement ce tube à

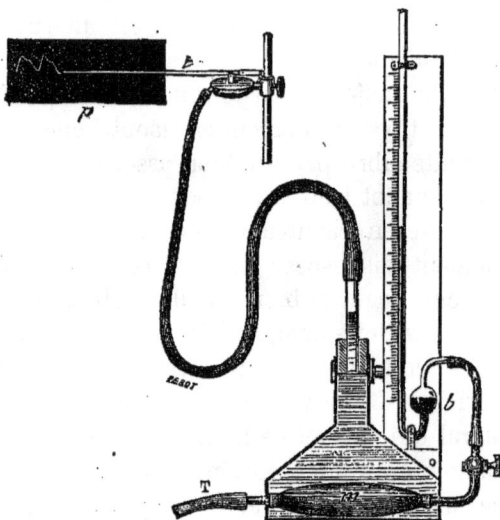

Fig. 5.

l'ajutage disposé sur le tuyau où l'on veut mesurer la
pression latérale (cet ajutage doit être également rempli
d'eau). Cela fait, on verse de l'eau dans le vase métallique
qui renferme la capsule m, jusqu'au milieu environ de la
hauteur du gros tube qui surmonte ce vase ; on met le
bouchon en place, et on réunit le tube qui traverse le
bouchon à un tambour inscripteur de Marey (fig. 6) par
l'intermédiaire d'un tube de caoutchouc (voir fig. 5). On
place le tambour inscripteur à côté d'un appareil enregistreur (fig. 7), dont le cylindre est recouvert d'une

---

¹ Lorsqu'il s'agit de mesurer la pression sanguine dans une artère, il
faut employer, pour remplir le manomètre, une solution de carbonate
de soude ; il faut en outre, pour que tout l'appareil soit bien purgé d'air,
prendre des précautions et adopter des dispositions sur lesquelles nous
n'avons pas à insister ici.

feuille de papier que l'on a convenablement enfumée en
opérant comme il est indiqué plus loin. Pour bien placer
le tambour inscripteur, il faut, après avoir mis le cylindre

Fig. 6.

en marche en déclanchant le mouvement d'horlogerie qui
l'actionne, se placer sur le prolongement de l'axe du cylindre
et regarder le sens de la rotation : si le sens de cette rotation est celui des aiguilles d'une montre, on mettra le

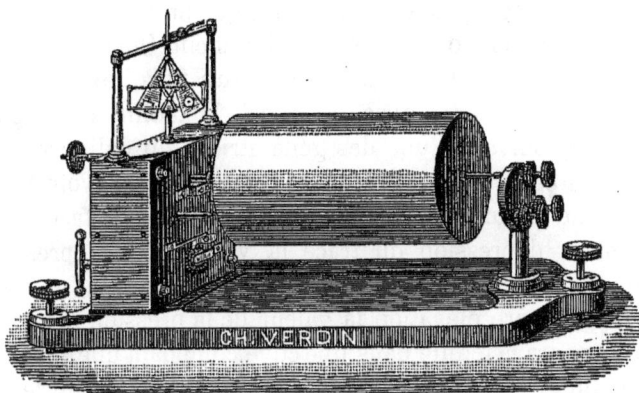

Fig. 7.

tambour à la droite du cylindre ; on le mettra à gauche
dans le cas contraire. Il faut en outre disposer le tambour
inscripteur de façon que son levier soit dans un plan
perpendiculaire à la direction de l'axe du cylindre et que les
mouvements de ce levier s'effectuent dans un plan parallèle
à ce même axe. La plume fixée à l'extrémité du levier doit
venir affleurer à la surface du cylindre près de sa partie

supérieure ; il faut s'assurer que cette plume trace bien sur
le papier un trait continu lorsque le cylindre tourne ; il faut
s'assurer également qu'elle n'appuie pas trop contre le
papier, ce qui génerait ses mouvements. L'appareil étant
ainsi disposé, il suffit d'enlever la pince que l'on a placée
sur le tube T, qui fait communiquer le manomètre de
Marey avec le tuyau où l'on veut mesurer la pression
latérale, pour recueillir, sur la feuille enfumée qui recouvre
le cylindre, le graphique de cette pression. Il faut avoir
soin, à chaque tour du cylindre, de déplacer le tambour
à levier parallèlement aux génératrices d'une quantité
convenable afin d'éviter la superposition de deux tracés.
Le manomètre à mercure qui fait partie de l'appareil permet
de connaître à chaque instant la valeur absolue de la
pression. On notera les maxima et les minima, qui auront
des valeurs constantes si l'appareil qui produit les variations de pression fonctionne régulièrement. Quand le cylindre sera recouvert de tracés, on mettra fin à l'expérience.

On fendra alors, avec un canif, la feuille de papier
enfumée, suivant l'une des génératrices du cylindre ; on
enlèvera cette feuille avec précaution, et, après avoir écrit,
avec une plume ou une pointe quelconque, en face de la
première dépression du tracé la valeur de la pression
minima donnée par le manomètre à mercure et en face
de la première élévation la valeur de la pression maxima,
on plongera la feuille dans une cuve contenant une solution
de gomme laque dans l'alcool ; on retirera cette feuille dès
qu'elle sera complètement mouillée, et on la laissera sécher
à l'air ; on aura ainsi fixé les graphiques qui y sont inscrits.

Préparation du cylindre de l'appareil enregistreur.— On
commence par séparer le cylindre de l'appareil en desser-
rant la vis qui le maintient en place ; puis on entoure ce
cylindre d'une feuille de papier de dimensions convenables
dont on colle les deux bords l'un contre l'autre (il faut avoir
bien soin de ne pas coller la feuille directement sur le

cylindre) ; on dispose ensuite le cylindre sur un support qui le soutient de telle sorte qu'il peut tourner autour de son axe. On l'anime alors, avec une main, d'un mouvement assez rapide de rotation, pendant que, de l'autre main, on promène au-dessous de lui une petite éponge fixée à l'extrémité d'une tige métallique et imbibée d'essence de térébenthine à laquelle on a mis le feu. Il faut avoir soin de tenir cette éponge à une certaine distance du cylindre afin de ne pas roussir le papier. Quand la feuille est suffisamment noircie on saisit le cylindre par les deux extrémités de son axe et on le remet en place.

3° PRENDRE LE GRAPHIQUE DU POULS DE L'ARTÈRE RADIALE (*a*) A L'AIDE DU SPHYGMOGRAPHE DE MAREY. — Le sphygmographe de Marey (fig. 8), dont nous empruntons à peu près

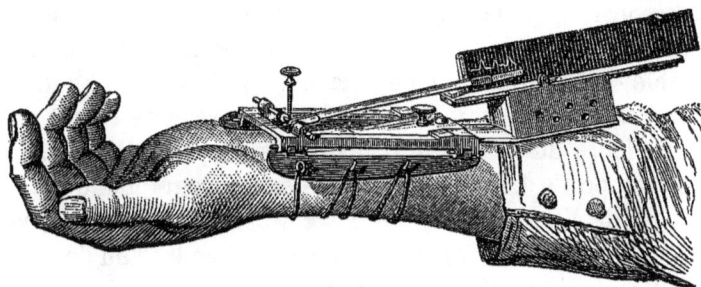

Fig. 8.

textuellement la description à Beaunis, se compose de deux parties réunies ensemble : un appareil transmetteur et un appareil enregistreur. L'appareil transmetteur comprend une partie fixe et une partie mobile. La partie fixe est un cadre métallique rectangulaire qui se place au-dessus de l'artère radiale et est maintenu sur l'avant-bras par deux demi-gouttières latérales réunies par un lien. La partie mobile représente un système de leviers et de ressorts mis en mouvement par la pulsation de l'artère. Un ressort en acier fixé par l'un de ses bouts à l'un des petits côtés du cadre porte à son extrémité libre un bouton d'ivoire qui s'applique sur l'artère ; une vis permet de graduer la pression du ressort sur l'artère. De la partie supérieure du bouton s'élève une petite tige qui s'engrène avec une roue dentée dont l'axe supporte le levier enregistreur ; ce levier est très léger et très long, il est muni à son extrémité d'une plume en acier ; lorsque la pulsation de l'artère soulève le bouton d'ivoire, ce soulèvement se transmet par l'engrenage au levier écrivant. L'appareil enregistreur est constitué par une plaque en aluminium qui glisse dans une rainure grâce à un mouvement d'horlogerie que l'on peut embrayer ou désembrayer à volonté. Cette plaque se meut parallèlement à la longueur du levier.

Pour prendre avec cet appareil le tracé du pouls de l'artère radiale, on commence par remonter le mouvement d'horlogerie après avoir mis le cran d'arrêt ; puis on fait asseoir le sujet chez lequel on veut prendre le tracé, et on lui fait placer son avant-bras horizontalement sur une table, la face palmaire de la main tournée vers en haut. On cherche d'une main, avec l'index, au niveau de l'extrémité inférieure du radius, le point précis où passe l'artère, et, quand on l'a trouvé, on place le sphygmographe, que l'on tient de l'autre main, sur l'avant-bras du sujet de façon que le bouton en ivoire appuie juste à l'endroit où l'on sent battre l'artère. On fixe l'instrument en reliant ses deux demi-gouttières par un cordon qui va alternativement de l'une à l'autre en passant au-dessous de l'avant-bras (voir fig. 8); on gradue la pression du ressort sur l'artère à l'aide de la vis à ce destinée, jusqu'à ce que les oscillations du levier aient une amplitude suffisante. On applique ensuite contre la plaque en aluminium une petite bande de papier que l'on a préalablement enfumée sur l'une de ses faces en la promenant à plusieurs reprises au-dessus de la flamme d'une éponge imbibée d'essence de térébenthine. Un petit ressort maintient cette bande appuyée contre la plaque, que l'on met alors en place. En faisant tourner sur elle-même, dans un sens ou dans l'autre, la petite tige qui s'engrène avec la roue dentée dont l'axe supporte le levier enregistreur, on abaisse ou on élève l'extrémité de ce levier, et l'on fait en sorte que la pointe de l'aiguille soit bien au niveau de la bande de papier enfumée. Il faut courber un peu cette aiguille de façon que sa pointe appuie légèrement contre le papier ; on s'assurera que lorsque la plaque est au repos l'aiguille trace bien sur le papier un petit arc de cercle ; il suffira alors de désembrayer le mouvement d'horlogerie pour obtenir le tracé demandé. On le fixera en plongeant la bande de papier dans une solution de gomme laque dans l'alcool et en laissant sécher à l'air.

Remarque. — Le plus grand inconvénient du sphygmographe de Marey est que l'extrémité du levier enregistreur décrit des arcs de cercle, ce qui modifie un peu le graphique de la pulsation. Un autre inconvénient de cet instrument, c'est qu'il ne permet pas d'évaluer la pression exercée sur l'artère ; ce défaut est corrigé dans le sphygmographe de Brondel.

(b). SPHYGMOGRAPHE DE BRONDEL. — Le sphygmographe de Brondel ressemble beaucoup par sa forme à celui de Marey ; il en diffère surtout par le mécanisme explorateur. Le ressort en acier du sphygmographe de Marey est ici remplacé par un levier droit dont l'extrémité porte un bouton en ivoire qui est destiné à s'appliquer sur l'artère. Un second levier articulé avec le précédent agit directement sur le levier enregistreur. Une tige cylindrique coudée à angle droit peut pénétrer dans une ouverture pratiquée à l'extrémité libre du premier levier ; on peut faire courir le long de la partie horizontale de cette tige des curseurs de poids différents, ce qui permet d'exercer sur l'artère à explorer des pressions faciles à évaluer. L'instrument se fixe autour du bras au moyen d'une sorte de jarretière. L'appareil enregistreur n'est pas non plus tout à fait identique à celui du sphygmographe de Marey. Une bande de

3

papier blanc se déroule ici d'un mouvement uniforme au-devant d'une plume dont le bec rempli d'encre trace le graphique de la pulsation.

Le manuel opératoire est tout à fait analogue à celui que nous avons décrit à propos du sphygmographe de Marey ; les quelques différences provenant de la disposition de l'instrument se trouvent indiquées dans la description que nous venons d'en donner.

Remarque.— Ce sphygmographe, qui présente sur celui de Marey l'avantage de' permettre d'évaluer la pression exercée sur l'artère et d'opérer par suite dans des conditions toujours semblables, a en revanche l'inconvénient d'être plus encombrant et d'un maniement moins facile que le précédent.

4° DÉTERMINATION DE LA HAUTEUR BAROMÉTRIQUE AVEC LE BAROMÈTRE DE FORTIN. — L'instrument étant ici sus·pendu par l'anneau qui termine la partie supérieure de sa gaîne, le tube se place verticalement de lui même, parce que le centre de gravité est situé très bas et dans l'axe du tube. Si l'on veut immobiliser le baromètre dans cette position verticale, il suffit d'amener au contact de l'instru·ment, sans le déplacer, l'extrémité de trois vis qui traversent un anneau fixe entourant la cuvette. Cela fait, on commence par faire affleurer le niveau du mercure, dans la cuvette, avec l'extrémité de la pointe en ivoire portée par le couvercle de cette cuvette, extrémité qui correspond au 0 de la graduation tracée sur le tube du baromètre. Pour obtenir ce résultat, on tourne la vis située à la partie inférieure de la cuvette, de façon à abaisser ou à soulever son fond mobile jusqu'au moment où l'image de la pointe fait suite à la pointe elle-même. Si l'on dépasse ce point, l'extrémité de la pointe d'ivoire déprime le mercure ; si on ne l'a pas atteint, on perçoit très nettement un intervalle entre la pointe et son image réfléchie. Si le mercure est très propre, on peut obtenir l'affleurement cherché avec une très grande exactitude. Cette opération terminée, on fait glisser le long de la tige du baromètre le curseur annulaire dont cette tige est munie. Ce curseur, percé de deux fenêtres rectangulaires, l'une antérieure, l'autre postérieure, qui s'envisagent, est en outre porteur d'un vernier qui se déplace devant la graduation tracée sur le· tube. Le bord supérieur de la fenêtre antérieure présente une petite échancrure, afin que l'œil, apercevant constamment par cette échancrure le bord supérieur de la fenêtre postérieure, puisse toujours maintenir le rayon visuel dans le plan horizontal passant par ces deux bords rectilignes. On descend le curseur jusqu'à ce que le plan qui contient le 0 du vernier soit tangent au sommet du ménisque formé par le mercure. Pour cela, tenant l'œil dans ce plan, on abaisse le curseur jusqu'à ce qu'on n'aperçoive plus, entre ses bords et le sommet de la colonne mercurielle, la lumière réfléchie par un petit miroir placé derrière la tige du baromètre et que l'on a au préalable convenablement orienté. On cherche alors sur l'échelle graduée à quel degré correspond le 0 du vernier ; s'il ne coïncide pas exactement avec une des divisions marquées sur l'échelle, on note la division immédiatement inférieure, et l'on connaît ainsi la hauteur cherchée en millimètres ; puis on lit quel est le numéro du vernier situé au-dessus de 0 qui coïncide exactement avec une division de la règle ; le nombre ainsi trouvé donne le nombre de dixièmes ou de vingtièmes de millimètre (selon que le vernier est au dixième ou au vingtième) à ajouter au nombre précédent.

Toutefois la hauteur h obtenue par cette lecture n'est point exacte. En effet, pour une même pression la hauteur barométrique varie avec la température ; la température modifie également la valeur des divisions de l'échelle qui a été graduée à 0° ; de plus, la capillarité influe sur l'ascension du mercure dans le tube. Enfin, pour pouvoir comparer entre elles les pressions atmosphériques mesurées à des altitudes différentes, on est convenu de les ramener à ce qu'elles seraient au niveau de la mer. De là, la nécessité d'autant de corrections.

a. *Correction relative à la température.* — Il faudrait d'abord ramener par le calcul la hauteur obtenue précédemment h à la valeur h' qu'on aurait trouvée pour elle si l'échelle en laiton du baromètre était restée à 0°. Cette nouvelle hauteur h' représenterait la hauteur de la colonne de mercure à $t°$ qui fait équilibre à la pression atmosphérique, $t°$ étant la température du mercure au moment de la détermination, et il faudrait chercher quelle serait la hauteur d'une colonne de mercure à 0° qui ferait équilibre à la même pression. Il suffit, pour faire la double correction relative à la température, de connaître, en même temps que cette température, le coefficient de dilatation linéaire du métal de l'échelle et le coefficient de dilatation absolue du mercure; mais il est plus commode, au lieu d'avoir recours au calcul, de se servir des tables à double entrée de Delcros [1] qui donnent avec une approximation suffisante la valeur de la correction à faire subir à la hauteur h observée. Pour cela on lit à un dixième près la température du baromètre sur un thermomètre placé sur la tige de l'instrument; puis on cherche dans la première colonne verticale des tables de Delcros le nombre qui se rapproche le plus du degré thermométrique observé, dans la première ligne horizontale de ces mêmes tables, le nombre le plus voisin de la hauteur barométrique trouvée h, et l'on aura, au point d'intersection de la ligne horizontale partant du premier nombre et de la colonne verticale partant du second, la valeur en millimètres de la correction cherchée. Il faudra retrancher la quantité ainsi trouvée de la hauteur h si la température est supérieure à 0; il faudrait l'ajouter si elle était inférieure.

b. *Correction relative à la capillarité.* — Des tables à

[1] Ces tables sont affichées dans la grande salle des Travaux pratiques.

double entrée [1] déduites par Delcros des formules de Schleiermacher permettent également de faire cette correction ; il suffit pour cela de connaître le rayon du tube du baromètre, qui est donné par les constructeurs, et la *flèche du ménisque*, c'est-à-dire la distance des plans horizontaux correspondant au sommet et à la base du ménisque que forme la surface libre du mercure dans le tube ; on mesure cette distance à l'aide du curseur déjà décrit. On se servira de ces tables comme des précédentes, et l'on aura de même la valeur en millimètres de la correction cherchée, qui est toujours additive, au point de rencontre de la colonne verticale et de la ligne horizontale qui correspondent : l'une à la hauteur trouvée pour la flèche du ménisque, l'autre au rayon du tube du baromètre.

c. Correction relative à l'altitude. — Lorsqu'il s'agit de variations de niveau peu considérables, on peut admettre avec une approximation suffisante que, toutes choses égales d'ailleurs, la colonne de mercure baisse de 1 millim. chaque fois qu'on s'élève de 10 mèt. La loi de la variation de la pression avec l'altitude est en réalité plus compliquée, mais on se contentera ici de l'approximation précédente. La grande salle des Travaux pratiques de l'Institut de Physique étant à 40 mèt. environ au-dessus du niveau de la mer, il suffira d'ajouter 4^{mm} à la hauteur observée, après lui avoir déjà fait subir les deux corrections indiquées ci-dessus, pour ramener la pression actuelle à la valeur qu'elle aurait au niveau de la mer.

Remarque. — Pour rendre les observations comparables en tous les points du globe, on est convenu, en outre, de réduire les hauteurs barométriques à la latitude de 45°, ce qui exige une correction que nous négligerons ici.

5° Siphon du Dʳ Faucher pour le lavage de l'estomac. — Ce siphon se compose d'un tube en caoutchouc à l'ex-

---

[1] Ces tables sont affichées dans la grande salle des Travaux pratiques.

trémité duquel on fixe un entonnoir en verre ; un trait marqué sur le tube indique de quelle quantité il faut l'enfoncer pour que son extrémité inférieure arrive dans l'estomac. Lorsque le tube est en place, on verse dans l'entonnoir, que l'on tient à la main au-dessous du niveau des lèvres de l'individu sur lequel on opère, le liquide avec lequel on veut faire le lavage ; puis on soulève l'entonnoir ; le liquide s'écoule dans l'estomac, et, lorsque les dernières gouttes vont disparaître, on abaisse vivement l'entonnoir au-dessous du niveau de l'estomac du patient ; le liquide reflue alors dans l'entonnoir, entraînant avec lui les matières contenues dans l'estomac ; il suffit de rejeter ce liquide en inclinant l'entonnoir, et l'appareil se trouve disposé pour effectuer un second lavage.

On fera ici, en opérant comme nous venons de l'indiquer, le lavage d'un ballon à long col contenant un liquide coloré.

6° SIPHON DU Dʳ POTAIN POUR LE LAVAGE DE LA PLÈVRE. — Cet appareil se compose de deux siphons flexibles accouplés, la grande branche de l'un s'embranche sur la petite branche de l'autre. On commence par remplir le premier siphon du liquide avec lequel on veut faire le lavage, d'eau phéniquée par exemple, et l'on s'oppose à l'écoulement de cette eau en plaçant une pince près de l'extrémité inférieure de la grande branche de ce premier siphon ; puis on plonge sa petite branche dans un vase contenant de l'eau phéniquée, et placé à peu près au niveau de la tête du patient. On desserre un instant la pince pour s'assurer que le siphon est bien amorcé et pour chasser les bulles d'air qu'il pourrait contenir. On introduit alors, en prenant des précautions spéciales et sur lesquelles nous n'avons pas à insister ici, la partie commune des deux siphons dans la cavité pleurale. La longue branche du deuxième siphon étant fermée par une pince, on ouvre le premier siphon ; l'eau phéniquée s'écoule du vase dans la plèvre ; quand la quantité de liquide écoulée est jugée suffisante, on ferme le premier siphon et on ouvre le second, qui s'amorce de lui-même et évacue le liquide purulent. On peut, en ouvrant alternativement chacune des longues branches des deux siphons, recommencer plusieurs fois ces deux opérations. Cet instrument qui remplace les aspirateurs ne permet pas d'opérer sous d'aussi fortes pressions, ce qui constitue, suivant le cas, un avantage ou un inconvénient.

On fera ici, en opérant comme nous venons de l'indiquer, le lavage d'une poche en caoutchouc, contenant un liquide coloré. Cette poche présente un orifice dans lequel vient s'adapter exactement un bouchon de caoutchouc, que traverse l'extrémité commune des deux siphons. On emploiera de l'eau ordinaire à la place d'eau phéniquée.

7° SERINGUE DE PRAVAZ. DOSAGE DES SOLUTIONS POUR INJECTIONS HYPODERMIQUES. — La seringue de Pravaz (fig. 9) est une petite pompe à piston plein ; le même orifice

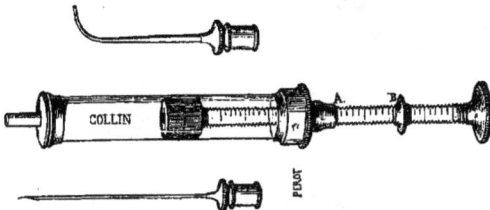

Fig. 9.

sert à faire entrer et sortir successivement le liquide ; des canules de formes spéciales se fixent à frottement dur sur l'orifice une fois que le corps de pompe est plein de liquide. Des divisions équidistantes tracées sur la tige du piston permettent de mesurer exactement la quantité de liquide injecté. Un curseur B mobile sur la tige permet de limiter à volonté la course du piston.

La graduation des seringues de Pravaz est souvent arbitraire ; il importe de savoir calculer la valeur d'une division de la tige et de savoir trouver le titre qu'il faut donner à une solution pour injecter une quantité déterminée de substance active en enfonçant le piston d'un nombre également déterminé de divisions. L'opération est des plus simples. On commence par remplir la seringue d'eau distillée en plongeant son orifice dans le liquide, soulevant lentement le piston, amené préalablement à l'extrémité inférieure de sa course, puis retournant la seringue, l'orifice en haut, et enfonçant le piston de quelques divisions de façon à chasser complètement l'air que peut contenir le corps de pompe. Cela fait, on essuie convenablement la seringue, on la porte sur le plateau d'une balance, et on fait la tare ; puis, retirant la seringue du plateau, on enfonce le piston d'un nombre entier de divisions n; il s'écoule une certaine quantité d'eau; on reporte la seringue sur le plateau de la balance ; soit p le poids qu'il faut placer à côté d'elle pour rétablir l'équilibre ; p représente le poids de l'eau écoulée, et le nombre qui exprime le poids p en grammes exprime aussi très sensiblement en c.c. le volume de n divisions ; $\dfrac{p}{n}$ sera donc le poids de l'eau contenue dans une division ou le volume d'une division. Soit maintenant a la quantité de principe actif qu'on désire injecter en n'injectant que le contenu d'une division, quel sera le poids x de la substance active à mettre dans un poids P d'eau ? Il sera donné par la formule :

$$\frac{x}{P} = \frac{a}{\dfrac{p}{n}}$$

d'où :
$$x = P \frac{n\,a}{p}$$

8° TRANSFUSEUR DE COLLIN. — Les transfuseurs sont des instruments destinés à permettre de faire passer dans

le système circulatoire d'un malade une certaine quantité
de sang naturel ou défibriné. Il faut surtout éviter dans
cette opération la coagulation du sang lorsqu'il n'a pas
été défibriné, le refroidissement de ce liquide et l'introduction de l'air dans les veines, qui constituent autant
d'accidents presque toujours mortels. Le transfuseur de
Collin (fig. 10), dont on a à étudier ici le fonctionnement,

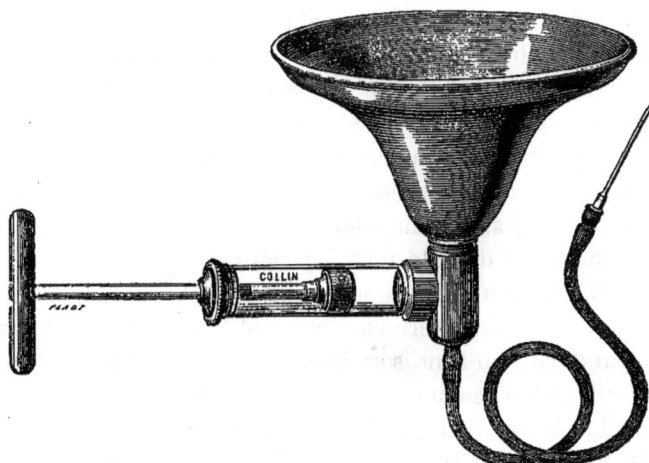

Fig. 10.

présente une disposition assez ingénieuse pour empêcher
l'entrée de l'air dans les vaisseaux sanguins. Une cuvette
ou palette reçoit le sang à transfuser qui s'écoule par une
petite ouverture dans une chambre cylindrique. Cette chambre communique latéralement avec une pompe à piston
plein et, par sa partie inférieure, avec un tube flexible
auquel est adaptée une canule de forme et de calibre convenables. Une petite sphère creuse d'aluminium plus légère
que le sang et pouvant obturer l'ouverture qui établit la communication avec la palette se trouve logée dans la chambre
dont nous venons de parler. On commence par chasser l'air
en donnant quelques coups de piston avec la pompe, et l'appareil est prêt à fonctionner lorsque ses diverses parties,

palette, chambre de communication, corps de pompe, tube d'écoulement, canule, sont pleines de sang. Dans ces conditions, une quantité de sang égale à celle contenue dans le corps de pompe est chassée par la canule chaque fois que l'on enfonce le piston, et le sang de la palette vient remplir le corps de pompe chaque fois que l'on retire ce même piston. La bille d'aluminium nageant à la surface du sang dans la chambre de communication fait en effet l'office de soupape, elle empêche le reflux du sang vers la cuvette lorsque celui-ci est expulsé du corps de pompe, mais elle ne s'oppose pas à l'afflux de ce liquide lorsqu'il est aspiré par le retrait du piston. Si, pour un motif quelconque, de l'air pénètre dans la chambre de communication, la bille d'aluminium ne fermera plus l'ouverture du fond de la cuvette, et l'air s'échappant par cette ouverture ne pourra pas pénétrer dans le tube injecteur.

On étudiera le fonctionnement de cet appareil avec de l'eau, et on s'assurera en plongeant la canule dans un vase plein d'eau, qu'il ne sort jamais de bulles d'air par cette canule, alors même que la cuvette ne contient plus de liquide et que l'on injecte par suite de l'air dans la chambre de communication.

9° Aspirateur de Dieulafoy. — L'aspirateur de Dieulafoy (fig. 11) se compose d'un corps de pompe en verre renfermant un piston plein P dont la tige porte une crémaillère ; un pignon denté commandé par un levier en forme de poignée engrène avec cette crémaillère, si bien qu'il suffit de tourner le levier à la main pour faire mouvoir le piston ; un cliquet C peut pénétrer dans les dents de la crémaillère, ce qui permet à l'opérateur d'empêcher le piston de redescendre lorsqu'il l'a soulevé. La partie inférieure du corps de pompe porte trois robinets R, R′, R″, que l'on peut à volonté ouvrir et fermer. On adapte à l'un de ces robinets R un tube flexible T terminé par une des canules 1, 2, 3, 4, que l'on introduit dans la cavité à

vider ; aux deux autres R′, R″, deux tubes également
flexibles que l'on fait plonger, le premier dans un vase
vide, le second dans un vase contenant le liquide avec

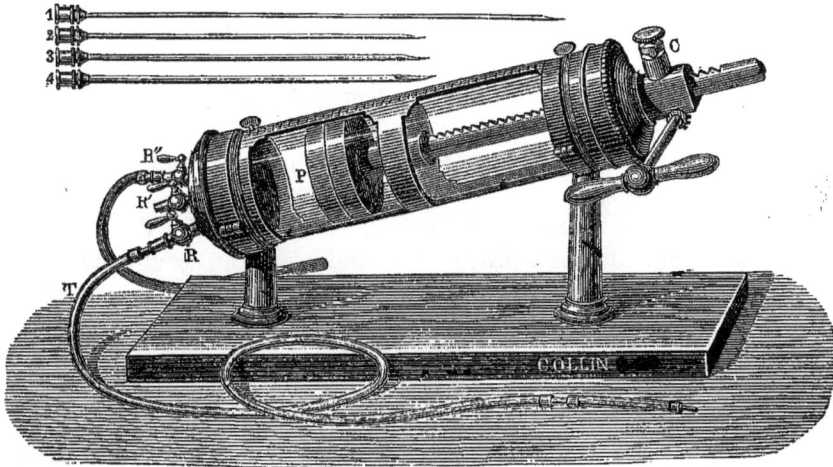

Fig. 11.

lequel on veut effectuer, soit le lavage du corps de pompe,
soit celui de la cavité après son évacuation. Les trois robinets étant fermés, on soulève le piston, que l'on maintient
en place avec le cliquet C, puis on ouvre avec précaution le
premier robinet R de façon que le liquide aspiré pénètre
très lentement dans le corps de pompe, qu'il vient remplir
peu à peu. On ferme alors R, on ouvre R′ et, après avoir
enlevé le cliquet, on fait redescendre le piston qui chasse
le contenu du corps de pompe dans le vase disposé pour
le recevoir. Fermant alors R′, on ouvre R″ pendant que l'on
soulève de nouveau le piston. On remplit ainsi le corps de
pompe d'un liquide que l'on peut à volonté injecter dans
la cavité que l'on vient d'évacuer, ou rejeter au dehors si
l'on veut simplement laver l'intérieur de l'instrument. Il
suffit pour cela de fermer le robinet R″ et d'abaisser le
piston après avoir ouvert le robinet R ou le robinet R′

suivant le but qu'on se propose. Il est bon toutefois de n'injecter le liquide qu'après un lavage préalable du corps de pompe. Une graduation tracée sur l'appareil permet d'évaluer les volumes des liquides aspirés et injectés.

On étudiera ici le fonctionnement de l'aspirateur Dieulafoy, en s'en servant pour vider dans un vase A le liquide contenu dans un second vase B et pour remplir le vase B du liquide contenu dans un troisième vase C. On opérera pour cela exactement comme nous l'avons indiqué ci-dessus.

10° ASPIRATEUR DU Dʳ POTAIN. — Une bouteille de verre sur laquelle on a gravé une graduation en centimètres cubes est fermée par un bouchon que traversent deux tubes métalliques (fig. 12). Ces deux tubes portent à leur partie

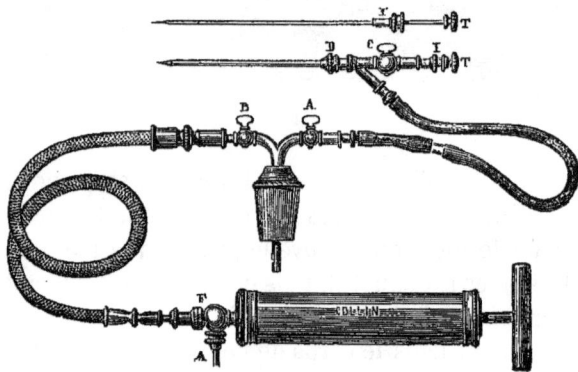

Fig. 12.

extérieure un robinet et sont mis en relation par deux tuyaux de caoutchouc, le premier avec la canule D qui pénètre dans la cavité à vider, le second avec une petite pompe à main. Le robinet A du premier tube étant fermé et celui B du second étant ouvert, on fait avec la petite pompe le vide aussi complet que possible dans la bouteille; puis on ferme le robinet B, et on ouvre A avec précaution afin que le liquide contenu dans la cavité que l'on évacue n'arrive que lentement dans la bouteille. Quand il n'y a plus aspiration, on fait de nouveau le vide avec la pompe après avoir renversé le jeu des robinets; on le renverse encore pour faire arriver dans le récipient de verre de nouvelles quantités du liquide à évacuer, et ainsi de suite jusqu'à ce que l'opération soit terminée. Si une seule bouteille ne suffisait pas, on en emploierait une seconde, que l'on substituerait à la première après avoir fermé le robinet qui se trouve sur le tube qui communique avec la canule.

On étudiera le fonctionnement de cet appareil en plongeant la canule dans un vase plein d'eau qui représentera la cavité à vider et opérant comme nous venons de l'indiquer.

Remarque. — Grâce au dispositif employé pour cet aspirateur, les liquides évacués ne pénètrent pas dans la pompe et ne peuvent par suite la détériorer.

11° POMPE STOMACALE DE KUSSMAUL.— C'est une pompe en ébonite sans soupapes, à piston plein et munie d'un seul robinet à trois voies qui permet, suivant la position qu'on lui donne, de faire communiquer le corps de pompe, soit avec la cavité de l'estomac par l'intermédiaire d'une sonde, soit avec un vase destiné à recevoir les matières évacuées. Le maniement de cette pompe se comprend de lui-même, il suffit de soulever le piston lorsque le robinet est dans la première position, de l'abaisser lorsqu'il est dans la seconde. On étudiera son fonctionnement en plaçant la sonde stomacale dans un vase plein d'eau.

OPTIQUE

QUATRIÈME MANIPULATION.

Première Partie.

Détermination de l'intensité de l'éclairage en un point de la salle (a) avec le photomètre de Landolt. — Le photomètre de Landolt se compose de deux planchettes qui sont réunies par une charnière, de manière à pouvoir faire entre elles un angle plus ou moins grand à la volonté de l'opérateur. L'une de ces planchettes porte, comme objets-types, des points noirs sur fond blanc, l'autre est munie d'un miroir plan. Un ruban métrique enroulé est fixé à la première planchette au niveau de la charnière.

Pour se servir de cet instrument, on pose la première planchette sur la partie de la salle où l'on veut mesurer l'éclairage, bureau ou table, surface horizontale ou inclinée; puis on oriente la seconde planchette, en lui faisant faire avec la première un angle convenable, de telle sorte que l'œil de l'observateur placé à peu près au même niveau que l'instrument aperçoive dans le miroir une image verticale des objets-types. L'appareil étant ainsi disposé, l'observateur s'en éloigne normalement en tenant à la main le ruban métrique déroulé et en ayant soin de maintenir constamment son œil à la même hauteur ; dès qu'il ne peut plus compter, distinguer l'un de l'autre, les points noirs sur fond blanc, il tend entre la charnière du photomètre et son œil le ruban métrique, et une simple lecture lui donne la distance d à laquelle il se trouve des objets-types. L'intensité e de l'éclairage au point considéré sera donnée par la formule :

$$\log e = -\frac{d}{\mathrm{D}}$$

D représente ici la valeur de la distance à laquelle l'observateur cesse de pouvoir compter les points lorsqu'ils sont éclairés par la « vive lumière du jour » que Landolt a prise pour intensité unité.

Remarques. — La valeur de D doit être déterminée par celui qui se sert de l'instrument puisqu'elle dépend, de même du reste que la valeur de *d*, de l'acuité visuelle de l'observateur. Cette détermination ne pouvant être faite ici, on prendra pour D le nombre que nous avons inscrit sur l'instrument et qui correspond à une acuité normale.

Le photomètre de Landolt est assez primitif, comme l'a dit son inventeur lui-même. Lorsque l'éclairage à mesurer est un peu intense on est obligé, pour ne plus pouvoir compter les objets-types, de se placer à une assez grande distance de l'instrument, distance dont on ne peut pas toujours disposer dans une salle d'école. De plus, l'unité choisie par Landolt a l'inconvénient de ne pas être assez bien définie, et l'instrument ne se prête pas facilement à une graduation en bougies ou en carcels. Enfin la formule qui donne l'intensité de l'éclairage n'est peut-être pas suffisamment exacte pour être appliquée, comme il est ici nécessaire, entre des limites un peu étendues.

(*b*). AVEC LE PHOTOMÈTRE DE M. E. BERTIN-SANS. — Cet appareil se compose de deux parties distinctes, un écran et une source lumineuse. L'écran est formé d'une planchette recouverte sur sa face supérieure d'une feuille de papier blanc mat et portant sur l'un de ses côtés deux points de repère constitués par un petit bouton et un petit anneau de cuivre ; à son centre peut pivoter une tige métallique fine supportant par son extrémité supérieure une petite barre horizontale. Un contre-poids maintient la tige dans une position verticale quelle que soit l'inclinaison donnée à la planchette. La source lumineuse est constituée par une lampe à pétrole renfermée dans une lanterne spéciale, qui grâce à un système de lentilles et de miroirs réfléchit la lumière verticalement de haut en bas ; la lanterne peut à volonté s'élever ou s'abaisser le long d'une règle verticale.

Pour faire une détermination avec cet instrument, on commence par disposer la planchette à l'endroit où l'on veut mesurer l'intensité de l'éclairage ; s'il s'agit d'une surface inclinée on placera la planchette de façon que la petite barre horizontale dont nous avons parlé ait une direction perpendiculaire à celle de la ligne de plus grande pente de la surface. Cela fait, on dispose la lanterne, dont on a allumé la lampe, directement au-dessus de cette petite barre et à une faible distance d'elle. On reconnaît qu'il en est bien ainsi à ce que l'ombre de la barre qui se projette sur l'écran passe par le pied de la tige qui supporte la barre. On se place alors dans la direction donnée par les deux points de repère fixés sur le bord de la planchette, c'est-à-dire de façon à voir à travers l'anneau le bouton de cuivre ; puis on élève progressivement la lanterne jusqu'à ce que l'on cesse d'apercevoir l'ombre portée sur l'écran. Pour rendre la disparition de cette ombre plus sensible, on peut imprimer de petites oscillations à la barre horizontale. Quand l'ombre a disparu, on mesure avec un ruban métrique la distance D_1 de l'écran à un point de repère qui correspond au foyer des rayons lumineux émanés de la lanterne. On abaisse ensuite la lanterne jusqu'à ce que l'on recommence à pouvoir distinguer l'ombre de la barre, et on mesure alors de nouveau la distance D_2 du point de repère à l'écran. On prend la moyenne D des deux distances ainsi obtenues. Si l'on a, par une expérience préalable, déterminé la distance d du point de repère à l'écran pour laquelle l'ombre de la barre cesse d'être perceptible lorsque la planchette est placée au grand jour, il sera facile de déduire de la valeur trouvée pour D la valeur e de l'intensité de l'éclairage au point considéré en fonction de l'intensité du grand jour prise pour unité. On aura en effet :

$$e = \frac{d^2}{D^2}.$$

Remarques. — La distance d doit être déterminée par celui qui veut se servir de l'instrument puisqu'elle dépend, comme du reste la distance D, de l'acuité visuelle de l'expérimentateur. La distance d ne pouvant être évaluée ici, on prendra pour la représenter le nombre que nous avons inscrit sur l'appareil et qui correspond à une acuité visuelle normale.

Le principal reproche que l'on puisse adresser à ce photomètre, qui permet à quelqu'un d'exercé d'obtenir des résultats assez exacts, c'est d'être un peu encombrant et assez difficile à transporter au milieu des tables et des bancs d'une salle d'école par exemple. Même remarque que précédemment relativement à l'unité choisie.

(c). AVEC LE PHOTOMÈTRE DE MASCART. — Cet instrument se compose d'un tube horizontal porté par trois pieds et muni à l'une de ses extrémités d'une feuille de papier à tache d'huile centrale, et à l'autre d'une lampe à pétrole à mèches multiples. La feuille de papier, dont le plan est parallèle à l'axe du tube, reçoit sur sa face interne, grâce à une lentille de projection et à un miroir incliné à 45°, l'image d'une lame de verre dépoli qui est éclairée par la lampe à pétrole. Le miroir et la feuille de papier qui forme écran constituent un tout pouvant tourner autour de l'axe du tube horizontal, si bien que l'image de la lame de verre dépoli vient constamment se faire sur l'écran, quelle que soit la position que l'on donne à ce dernier dans l'espace. Un diaphragme à ouverture variable, placé devant la lentille de projection, permet de faire varier à volonté la quantité de lumière qui tombe sur la face interne de la feuille de papier. Il suffit de tourner dans un sens ou dans l'autre une vis située au-dessous du tube horizontal de l'instrument pour rétrécir ou élargir l'ouverture du diaphragme. Un index en ivoire mobile devant une petite règle graduée fait connaître à chaque instant par sa position la grandeur de cette ouverture. Un petit tube placé au niveau des mèches de la lampe

4

à pétrole est muni d'une lentille qui donne sur une plaque de verre dépoli l'image de la flamme. Enfin une arête saillante fixée sur le bord du cadre qui porte l'écran indique la direction dans laquelle il faut placer l'œil afin de regarder constamment la feuille de papier sous le même angle.

Pour faire une détermination avec cet instrument, on commence par disposer la feuille de papier à tache d'huile centrale un peu au-dessus de la surface dont on veut mesurer le degré d'éclairement et parallèlement à la direction de cette surface ; puis on allume la lampe à pétrole et on règle convenablement la hauteur de la flamme, c'est-à-dire qu'on donne à la flamme la hauteur qu'elle avait lors de la graduation de l'instrument. Un point de repère qu'on a eu soin de tracer sur la plaque de verre dépoli où vient se faire l'image de la flamme permet de réaliser toujours les mêmes conditions d'éclairage. Cela fait, on regarde la surface de la feuille de papier en se plaçant dans la direction donnée par l'arête saillante fixée sur le bord du cadre, et on diminue ou on augmente l'ouverture du diaphragme, suivant que la tache d'huile paraît plus éclairée ou plus sombre que le reste du papier, jusqu'à ce que cette tache s'efface complètement ou tout au moins présente un minimum de netteté. On arrive après quelques tâtonnements à obtenir ce résultat avec assez d'exactitude ; il suffit de lire alors avec quelle division de l'échelle coïncide l'index d'ivoire ; on trouvera sur la table que nous avons jointe à l'appareil, en face du numéro de cette division, la valeur en carcels de l'intensité de l'éclairage au point considéré.

Remarque. — Il est bon de graduer soi-même son instrument, ce qui peut se faire facilement en éclairant la feuille de papier disposée verticalement par une lampe carcel-type que l'on place à différentes distances et déterminant chaque fois l'ouverture à donner au diaphragme pour amener la disparition de la tache.

Le photomètre de Mascart, qui permet d'obtenir avec un peu d'habitude des résultats très précis, présente le grave inconvénient d'être insuffisant lorsqu'il s'agit de mesurer des éclairages un peu intenses ; de plus, cet appareil est un peu encombrant.

(d). AVEC LE PHOTOMÈTRE DE M. A. IMBERT. — Ce photomètre est constitué par une petite boîte rectangulaire dont la face supérieure est percée d'une ouverture carrée que ferme une plaque de verre dépoli ; cette plaque porte des objets-types analogues à ceux choisis par Landolt. Au-dessous de la plaque se trouvent, dans l'intérieur de la boîte, deux prismes en verre enfumé à arêtes parallèles, mais disposés en sens inverse ; l'un de ces prismes est fixe, l'autre est mobile au moyen d'une crémaillère et d'un bouton extérieur qui entraîne un index sur un cercle gradué ; l'ensemble de ces deux prismes constitue par suite une lame à faces parallèles dont on peut à volonté augmenter ou diminuer l'épaisseur. L'une des parois latérales de la boîte porte deux ouvertures munies d'œilletons, par lesquelles l'observateur peut voir l'image des objets-types par réflexion sur un miroir plan intérieur incliné à 45°.

Pour se servir de cet instrument, on le pose à l'endroit même où l'on veut mesurer l'éclairage ; on amène l'index au 0 sur le cercle gradué, c'est-à-dire que l'on donne à la lame enfumée, constituée par les deux prismes, l'épaisseur minima qu'elle peut avoir ; on regarde dans l'intérieur de la boîte par les deux ouvertures qui y sont pratiquées, et l'on augmente progressivement l'épaisseur de la lame jusqu'à ce que l'on cesse de distinguer la forme des objets-types. Il suffit de lire alors le nombre de degrés dont a tourné l'index et de chercher ce nombre sur la table que nous avons jointe à l'instrument, pour trouver, en face de ce nombre, la valeur de l'intensité de l'éclairage au point considéré. Lorsque l'éclairage est suffisamment intense, l'observateur distingue les objets-types, alors même qu'il ait donné à la lame son maximum d'épaisseur ; il faut, s'il en est ainsi, ramener l'index au 0, placer au-dessus de la plaque de verre dépoli qui porte les objets-types une plaque de verre enfumé qui est annexée à l'instrument et opérer comme tout à l'heure. Une nouvelle table donne dans ce cas la valeur des intensités lumi-neuses qui correspondent aux diverses positions que peut occuper l'index sur le cercle gradué.

Remarques. — Il est bon de construire soi-même les tables de son instrument, puisque le phénomène sur lequel on se base pour déterminer l'intensité de l'éclairage dépend de l'acuité visuelle de l'observateur. Cette graduation se fait facilement dans une chambre noire, en disposant l'in-strument de telle manière que les objets-types reçoivent normalement les rayons émanés d'une lampe carcel-type que l'on place successivement à diverses distances.

Le photomètre de M. Imbert, très portatif et très com-mode à manier, permet à un observateur exercé de déter-miner avec une approximation de 0,13 de carcel la valeur de l'intensité de l'éclairage en un point quelconque d'une salle.

Deuxième Partie.

Détermination de l'indice de réfraction d'un liquide a l'aide du réfractomètre d'Abbe.

— Le réfractomètre d'Abbe comprend, comme parties essentielles, deux prismes de flint rectangulaires à réflexion totale, mobiles autour d'un axe horizontal, un miroir concave dont on peut faire varier à volonté l'orientation, une lunette inclinée de 45° environ sur la verticale et un arc de cercle gradué devant lequel se déplace une alidade fixée sur l'axe horizontal qui porte les deux prismes. Ceux-ci sont juxtaposés par leur face hypoténuse, de sorte que leur ensemble présente la forme d'un parallélipipède rectangle ; les deux faces hypoténuses ne sont pourtant pas au contact, il existe entre elles un très petit intervalle ayant partout la même épaisseur et dans lequel doit se placer le liquide à examiner, qui constitue alors une lame à faces parallèles. La lunette est munie d'un réticule composé de quatre fils se coupant deux à deux à angle droit de manière à former un petit carré au milieu du champ ; elle renferme en outre, dans son intérieur, un prisme compensateur dont nous indiquerons bientôt l'utilité et que l'on peut faire tourner dans un sens ou dans l'autre, en agissant sur un bouton qui se trouve placé latéralement sur la partie inférieure du tube de la lunette.

Pour mesurer avec le réfractomètre d'Abbe l'indice de réfraction d'un liquide, on commence par disposer l'instrument en face d'une fenêtre de façon à pouvoir recevoir sur le miroir concave la lumière diffuse des nuées. On enlève ensuite l'un des deux prismes à réflexion totale, et on dépose avec précaution sur la face hypoténuse de l'autre une goutte du liquide à examiner ; on remet en place le prisme enlevé ; le liquide s'étale entre les deux faces en regard. Tenant alors d'une main le miroir, de l'autre l'alidade, on regarde dans la lunette, et on règle par tâtonnements l'inclinaison du miroir et la position des prismes de façon que l'on aperçoive le champ de l'instrument divisé en deux parties, l'une obscure, l'autre lumineuse. La ligne de séparation de ces deux parties n'est généralement pas nette dans ces conditions ; elle est en outre formée d'une série de bandes irisées parallèles entre elles ; pour faire disparaître les irisations on tourne le bouton qui fait mouvoir le prisme compensateur, et pour mettre au point on enfonce ou l'on retire le petit tube qui porte l'oculaire et qui entre à frottement dans la partie supérieure de celui qui constitue le corps de la lunette. On arrive ainsi facilement à avoir une ligne de démarcation très nette entre la lumière et l'obscurité, et, en agissant sur l'alidade, on fait en sorte que cette ligne coïncide exactement avec la diagonale du carré que forment les fils réticulaires dans le champ de l'instrument. Il suffit de lire alors sur l'arc de cercle gradué la valeur de la division qui se trouve en face d'un trait de repère tracé sur l'alidade, pour connaître par cette simple lecture l'indice du liquide examiné.

On mesurera ici avec le réfractomètre d'Abbe l'indice de réfraction de l'humeur aqueuse, de l'humeur vitrée, de l'eau et de quelques autres liquides.

Remarques. — On peut déterminer également avec cet instrument l'indice des différentes couches du cristallin. Quoique la substance cristallinienne ne soit pas liquide, elle a cependant une consistance assez faible pour pouvoir s'étendre entre les deux prismes du réfractomètre sous l'influence de la plus légère pression, et pour se prêter par suite à la détermination de son indice par le procédé que nous venons d'exposer. Il faut seulement dans ce cas, à cause de la différence d'indice qui existe entre les différentes couches du cristallin, prendre des précautions spéciales qui rendent la manipulation plus compliquée et sur lesquelles nous n'avons pas à insister ici.

Le réfractomètre d'Abbe permet de mesurer l'indice de réfraction de toutes les substances liquides ou pâteuses, pourvu qu'elles soient suffisamment transparentes, qu'elles ne soient pas trop volatiles et qu'elles n'attaquent ni les prismes de flint ni leurs montures de métal. Cet instrument a l'avantage de donner très rapidement et avec une assez grande précision les indices cherchés ; de plus, il n'exige que des quantités de matières très petites, ce qui le rend très précieux pour les physiologistes.

CINQUIÈME MANIPULATION [1].

Un banc d'optique constitué par une règle graduée, une source lumineuse, qui est ici une bonne lampe à pétrole, un diaphragme à ouverture circulaire au centre duquel on peut placer différents objets (flèche, fente, etc., etc.), une série de lentilles, un certain nombre de supports destinés à les recevoir, un miroir concave et quelques écrans, tels sont les instruments nécessaires pour la première partie de cette manipulation (paragraphes 1 à 7). Le banc d'optique est fixé sur une table ; il porte à demeure à l'une de ses extrémités une lentille convergente au foyer principal de laquelle est placée, également à demeure, la source lumineuse ; on obtient dans ces conditions un faisceau de rayons dont l'axe est parallèle au banc d'optique et qui est un peu divergent à cause des dimensions de la source de lumière. Le diaphragme, les écrans et le miroir sont établis sur des supports analogues à ceux qui sont destinés aux lentilles et qui peuvent, comme eux du reste, glisser à frottement le long de la règle graduée qui constitue le banc d'optique. Si l'on place tous ces appareils sur la règle, tous leurs centres de figure se trouvent sur une même ligne horizontale passant par le centre de la lentille éclairante et coïncidant par suite avec l'axe du faisceau lumineux ; c'est-à-dire que tous les appareils sont centrés [2]. La règle elle-même est munie d'une graduation en centimètres sur chacune de ses faces : l'une est simple, elle a son zéro à une faible distance de la lentille éclairante ; l'autre est double, elle a son zéro au milieu de la règle, et ses divisions s'échelonnent de chaque côté du zéro. Enfin chaque

[1] Cette manipulation se fait dans une des petites salles des Travaux pratiques ; un rideau opaque permet de faire l'obscurité dans cette salle

[2] Il y a pourtant deux écrans décentrés dont nous ferons plus loin connaître l'utilité.

support présente à sa partie inférieure deux traits situés dans le même plan que l'écran, l'objet ou la lentille qu'il soutient ; lorsque le support est à cheval sur la règle, chacun de ces traits se trouve en regard des divisions de l'une des deux échelles, ce qui facilite singulièrement l'évaluation des distances que l'on peut avoir à mesurer.

1° Vérification de la formule $\dfrac{1}{p} + \dfrac{1}{p'} = \dfrac{1}{f}$ pour les miroirs sphériques concaves de petite ouverture. — On sait que, si l'on appelle p et p' les distances au miroir d'un point ou d'un objet lumineux et de son image, et f la distance focale principale du miroir, distance qui est égale à la moitié du rayon de courbure, la relation qui existe entre les distances p et p' peut être exprimée par la formule :

$$\frac{1}{p} + \frac{1}{p'} = \frac{1}{f} \qquad (a)$$

qui peut être mise sous l'une des formes :

$$p' = \frac{pf}{p-f} \qquad \text{ou :} \qquad p' = \frac{f}{1 - \dfrac{f}{p}} \qquad (b)$$

formes qui rendent la discussion très facile. Il suffit en effet de donner à p diverses valeurs dans l'une ou l'autre des formules (b) pour tirer très simplement de la première ou de la seconde, suivant le cas, les valeurs correspondantes de p' :

si $p = \infty$	$p' = f$
si p diminue	p' augmente
si $p = 2f$	$p' = 2f$
si $p < 2f$ et $> f$	$p' > 2f$
si $p = f$	$p' = \infty$
si $p < f$	$p' < 0$
si $p = 0$	$p' = 0$

Dans le cas où $p < f$, p' est négatif, c'est-à-dire que les

valeurs de p' doivent être comptées à partir de la surface
du miroir en sens inverse du sens adopté dans les autres
cas ; les rayons réfléchis ne se rencontrent plus effective-
ment comme ils le faisaient auparavant ; ce sont les prolon-
gements qui, si on les effectuait, iraient se couper derrière
le miroir à la distance p', et c'est là qu'un œil placé de
manière à recevoir quelques-uns des rayons réfléchis apercevra l'image de l'objet situé à la distance p du miroir ;
cette image n'est plus réelle ; elle est virtuelle. Si l'objet se
déplace depuis le foyer jusqu'au sommet du miroir, l'image
se déplacera depuis l'infini négatif jusqu'à ce même sommet.

Si on appelle I la grandeur de l'image et O la grandeur
de l'objet, on a la relation :

$$\frac{I}{O} = \frac{2f - p'}{p - 2f}$$

En remplaçant p' par sa valeur $\dfrac{pf}{p-f}$ on a :

$$\frac{I}{O} = \frac{f}{p - f}$$

$$\begin{aligned}
&\text{si } p > 2f \quad \text{on aura} \quad I < 0 \\
&\text{si } p = 2f \qquad\qquad\quad\ I = 0 \\
&\text{si } p < 2f \qquad\qquad\quad\ I > 0
\end{aligned}$$

Si $p < f$, p' est négatif, et l'on a semblablement :

$$\frac{I}{O} = \frac{2f + p'}{2f - p}$$

D'où en remplaçant p' par sa valeur absolue $\dfrac{pf}{f-p}$:

$$\frac{I}{O} = \frac{f}{f - p}$$

l'image sera toujours plus grande que l'objet ; mais la
différence entre l'image et l'objet sera d'autant moindre
que l'objet sera plus près de la surface du miroir.

Pour vérifier ces divers résultats on prend pour objet
lumineux une flèche que l'on dispose au centre du dia-

phragme et que l'on place très près de la lentille éclairante ;
on fait par exemple en sorte que le trait marqué sur le
support du diaphragme corresponde au 0 de la graduation
simple. On met à l'autre extrémité de la règle le miroir
concave ; ce miroir est mobile autour d'un axe horizontal
perpendiculaire à la direction de la règle; si bien qu'on peut
l'incliner à volonté vers en haut ou vers en bas de façon
que les rayons réfléchis ne suivent pas exactement la même
route, en sens inverse, que les rayons incidents. On place
sur la règle, entre le miroir et la lentille, un tout petit écran
.qui est fixé sur un support très court afin d'intercepter le
moins possible la lumière qui tombe sur le miroir ; on
oriente celui-ci de façon à renvoyer sur l'écran les rayons
réfléchis, et l'on promène l'écran sur le banc d'optique
jusqu'à ce que l'image nette de la flèche vienne se former
sur lui. Dans le cas actuel, cette image se fait sensiblement
au foyer principal du miroir, car la flèche peut être considérée comme placée à l'infini, à cause de la grande longueur de la règle par rapport au rayon de courbure du
miroir ; l'image est renversée et plus petite que l'objet.
Approche-t-on la flèche, l'image s'éloigne, et il faut pour
qu'elle se forme toujours nette sur l'écran éloigner celui-
ci de la surface du miroir ; on constate alors que l'image,
encore renversée, est plus grande que dans le cas précédent. Il est toujours facile d'évaluer les distances p, p' de
l'objet et de l'image à la surface du miroir ; il suffit pour
cela de lire, lorsque l'écran est bien en place, les positions
occupées sur l'échelle par les traits marqués sur les supports
du miroir, de l'objet et de l'écran; de simples soustractions
donneront en centimètres la valeur des distances cherchées.
Quand on rapproche suffisamment la flèche pour qu'elle soit
au centre de courbure du miroir, c'est-à-dire à une distance
sensiblement égale au double de la distance focale, l'image
se fait à cette même distance ; on peut la recevoir sur le
diaphragme qui porte la flèche ; elle est renversée et égale
à l'objet. Si l'on continue alors à rapprocher l'objet, l'image

s'éloigne encore, et il faut, pour la recevoir sur un écran, adopter une disposition différente de la précédente: Il faut incliner légèrement le miroir vers en haut afin d'éviter que les rayons réfléchis ne soient arrêtés par le diaphragme au centre duquel est placé l'objet ; il faut en outre se servir d'un écran assez grand, que l'on place entre l'objet et la lentille éclairante ; cet écran est fixé sur un support élevé et disposé de façon à ne pas intercepter les rayons incidents. A mesure que l'on rapproche l'objet du miroir, il faut en éloigner l'écran, si l'on veut que l'image vienne s'y former avec netteté ; on peut constater que cette image, toujours renversée, et désormais plus grande que l'objet, grandit à mesure qu'elle s'éloigne ou que l'objet se rapproche du miroir. Quand l'objet est au foyer principal, l'image est à l'infini ; quelle que soit alors la distance à laquelle on place l'écran (qu'il faut dans ce cas tenir à la main), on ne recevra jamais sur lui d'image nette de l'objet. Enfin, si, rapprochant toujours l'objet du miroir, on le met entre le foyer principal et le miroir, l'image devient virtuelle ; on ne peut pas la recueillir sur un écran ; mais on peut la voir en se plaçant dans une direction convenable et regardant la surface du miroir ; elle est droite, plus grande que l'objet, et diminue de grandeur à mesure que l'on rapproche l'objet du miroir.

Tant que la distance p de l'objet au miroir est plus grande que la distance focale principale, il est facile de mesurer, comme nous l'avons indiqué ci-dessus, la distance p' de l'image à ce même miroir. On pourra donner à p diverses valeurs et mesurer les valeurs correspondantes de p'. Si l'on fait alors la somme $\frac{1}{p} + \frac{1}{p'}$, on trouvera un nombre constant n, quelle que soit la valeur donnée à p, pourvu que l'on prenne pour p' la valeur correspondant à celle que l'on aura prise pour p '. Le nombre n sera égal à $\frac{1}{f}$,

En réalité, le nombre trouvé ne sera pas absolument constant à cause

f étant la distance focale du miroir, et l'on aura par suite :

$$f = \frac{1}{n}$$

On devra trouver ainsi pour f une valeur sensiblement égale à la distance à laquelle il faut placer l'écran du miroir pour recevoir l'image nette de la flèche lorsque la flèche est au 0 de la graduation et le miroir à l'autre extrémité de l'échelle. La valeur de f ainsi calculée sera égale à la moitié du rayon de courbure du miroir.

2° Vérification de la formule $\frac{1}{p} + \frac{1}{p'} = \frac{1}{f}$ pour les lentilles sphériques convergentes de faible épaisseur. — Si l'on convient de considérer comme positives les distances p de la lentille à l'objet lorsqu'elles sont comptées en sens inverse du sens de la propagation de la lumière, et les distances p' de la lentille à l'image lorsqu'elles sont comptées dans le sens même de cette propagation, la formule $\frac{1}{p} + \frac{1}{p'} = \frac{1}{f}$ exprimera pour les lentilles sphériques convergentes de faible épaisseur, comme pour les miroirs sphériques concaves de petite ouverture, la relation qui existe entre les valeurs correspondantes de p et de p' [1]. La valeur de la distance focale principale f dépend ici de l'indice de réfraction de la substance qui constitue la lentille, ainsi que des signes et des grandeurs des rayons de courbure des faces qui la limitent.

de l'erreur que l'on commet forcément dans l'évaluation de p' ; il est en effet fort difficile de déterminer exactement la position qu'il faut donner à l'écran pour que l'image de l'objet ait son maximum de netteté, et cela d'autant plus que l'objet est plus près du foyer. On pourra prendre pour n la moyenne des nombres trouvés en faisant la somme $\frac{1}{p} + \frac{1}{p'}$ pour diverses valeurs correspondantes de p et de p', et en ayant soin de considérer seulement les cas où l'objet n'est pas trop près du foyer du miroir.

[1] Si l'on considère comme positives les valeurs de p lorsqu'elles sont comptées dans le sens de la propagation de la lumière, la formule des lentilles devient $\frac{1}{p'} - \frac{1}{p} = \frac{1}{f}$.

Les dimensions de l'image sont liées à celles de l'objet par la formule :

$$\frac{I}{O} = \frac{p'}{p}$$

d'où l'on tire en remplaçant p' par sa valeur absolue $\frac{pf}{p-f}$ ou $\frac{pf}{f-p}$ suivant qu'il est positif ou négatif :

$$\frac{I}{O} = \frac{f}{p-f} \qquad \text{si l'image est réelle}$$

$$\frac{I}{O} = \frac{f}{f-p} \qquad \text{si l'image est virtuelle.}$$

Les formules étant les mêmes que pour les miroirs concaves, on trouverait les mêmes résultats en les discutant. Ce sont ces résultats qu'il faut vérifier par l'expérience. On prendra pour objet la même flèche que tout à l'heure, et on la placera tout près de la lentille éclairante. On placera près de l'autre extrémité de la règle une lentille sphérique convergente fixée sur un support convenable et derrière elle un écran disposé de telle sorte que son centre soit au niveau de celui de la lentille. On promènera l'écran sur la règle, au delà de la lentille, jusqu'à ce que l'on voie s'y former l'image nette de la flèche ; l'objet étant très loin de la lentille, son image se fera très près du foyer principal, elle sera renversée et très petite. On fera ensuite glisser la lentille sur la règle, en la rapprochant de l'objet, jusqu'à ce que le trait fixé sur son support coïncide avec le 0 de la graduation double ; on cherchera avec l'écran la position de l'image, et l'on constatera que la distance de l'image à la lentille est plus grande que tout à l'heure et que l'image elle-même a grandi. Laissant la lentille fixe, on en rapprochera de plus en plus l'objet, et l'on verra l'image, toujours renversée, s'éloigner et grandir à mesure. La lentille restant à demeure au 0 de la graduation double, il sera toujours facile de connaître, pour une position quelconque de l'objet, les distances p et p' de cet objet et de son image à la lentille ; il suffira en effet de placer l'écran de façon que l'image de l'objet s'y dessine avec le maximum de netteté, et de regarder alors sur la graduation en question en face de quelles divisions se trouvent les traits marqués sur les supports de l'objet et de l'écran ; les nombres inscrits en face de ces divisions indiquent en centimètres les distances cherchées. Si l'on continue toujours à rapprocher l'objet de la lentille, il arrivera un moment où il en sera à une distance égale au double de la distance focale principale ; son image se fera dans ce cas à la même distance de l'autre côté de la lentille ; elle sera renversée et égale à l'objet. Si l'on rapproche de plus en plus l'objet, on pourra constater que l'image s'éloigne et grandit encore. Quand l'objet sera au foyer principal, l'image sera à l'infini. Enfin, si l'objet est entre le foyer principal et la lentille, il n'y a plus d'image réelle ; mais l'œil placé derrière la lentille aperçoit une image virtuelle ; cette image est droite ; elle est plus grande que l'objet et située plus loin de la lentille ; mais elle est d'autant moins amplifiée et d'autant moins éloignée que l'objet est plus près de la lentille.

Tant que p est plus grand que f il est facile de mesurer, comme nous l'avons dit, les valeurs de p' qui correspondent à diverses valeurs de p. Si l'on fait alors la somme $\dfrac{1}{p} + \dfrac{1}{p'}$, on devra trouver un nombre constant n, quelle que soit la valeur donnée à p, pourvu que l'on prenne pour p' la valeur correspondante[1]. Le nombre n est égal à $\dfrac{1}{f}$; on a par suite :

$$f = \frac{1}{n}.$$

La valeur de f ainsi déterminée sera sensiblement égale

[1] Voir la note de la page 59.

à celle que l'on obtiendra avec plus d'exactitude par la méthode suivante.

3° DÉTERMINATION DE LA DISTANCE FOCALE PRINCIPALE D'UNE LENTILLE CONVERGENTE. — On cherche à donner à un objet lumineux une position telle, par rapport à la lentille dont on veut mesurer la distance focale, que l'image nette de cet objet sur un écran soit égale en grandeur à l'objet. L'écran est alors à la même distance de la lentille que l'objet, et cette distance commune est précisément le double de la distance focale cherchée.

On prendra pour objet un diaphragme percé de sept trous : un de ces trous est central, les six autres l'entourent; on se servira comme écran d'une lame de verre dépolie sur laquelle sont tracées sept circonférences ayant le même rayon que les trous du diaphragme et disposées de même. Le diaphragme qui sert d'objet, la lentille dont on veut déterminer la distance focale et l'écran sont fixés sur des supports convenables et bien exactement centrés. On place la lentille à examiner au milieu de la règle, au 0 de la graduation double; puis, tout près d'elle, du côté de la source, le diaphragme à trous; et de l'autre côté, à la même distance, l'écran. On éloigne simultanément l'écran et le diaphragme de la lentille en ayant soin de les déplacer autant que possible de quantités égales; lorsque, après quelques tâtonnements, on est arrivé à obtenir sur l'écran une image nette des trous du diaphragme recouvrant exactement les cercles tracés sur le verre dépoli, c'est que l'image est égale à l'objet. S'il en est réellement ainsi, la distance de l'objet à la lentille doit du reste être la même que celle de la lentille à l'écran. Il suffit de lire sur l'échelle la valeur de l'une de ces distances et de diviser par deux le nombre trouvé, pour avoir en centimètres la distance focale cherchée.

Si on exprime cette distance focale f en prenant le mètre pour unité et qu'on en prenne l'inverse $\frac{1}{f}$, le quotient

de 1 par f donnera le pouvoir dioptrique de la lentille, ou ·
son numéro, en dioptries.

4° LOUPE DE BRUECKE. — Prenons maintenant pour objet
une lettre d'assez petite dimension, découpée dans un
diaphragme noir. Plaçons cet objet sur le banc d'optique,
tout près de la lentille éclairante, et derrière lui une lentille très convergente dont nous aurons mesuré la distance
focale par la méthode précédente. Nous ferons en sorte
que la lentille soit située à une distance de l'objet égale à
peu près à une fois et demie sa distance focale principale.
La lentille donnera une image renversée et agrandie de
l'objet ; cette image se formera en un point que nous déter-
minerons en promenant un écran sur la règle graduée et
cherchant la position qu'il faut donner à cet écran pour
que l'image vienne s'y dessiner avec le maximum de
netteté. Entre la lentille convergente et l'image qu'elle
donne, nous interposerons une lentille divergente de
distance focale connue, en la disposant de façon que son
foyer principal se trouve un peu en avant de l'écran convenablement placé et par suite du point où se produit
l'image. Nous aurons ainsi réalisé la disposition des lentilles dans la loupe de Brücke. Les rayons lumineux qui
avant l'interposition de la lentille négative convergeaient
pour former l'image, divergent maintenant ; il n'y a plus
d'image réelle ; mais, en plaçant son œil derrière la lentille divergente, on aperçoit une image virtuelle droite et
agrandie de l'objet.

Remarques. — La loupe de Brücke, que nous venons de
reconstituer, du moins dans ses parties essentielles, est
fréquemment employée pour les dissections d'objets très
petits ; elle présente en effet l'avantage de permettre de
voir avec un grossissement suffisant un objet assez éloigné
de la lentille objective (la convergente) pour qu'on puisse
introduire entre lui et cette lentille une pince et la pointe
d'un scalpel.

La lunette de Galilée et la lorgnette de spectacle présentent une disposition identique à celle de la loupe de Brücke ; seulement l'objet est placé beaucoup plus loin de la lentille convergente ; si bien que l'image donnée par cette lentille viendrait se faire un peu au delà du foyer principal et serait plus petite que l'objet, si la lentille divergente ne venait modifier la marche des rayons lumineux.

5° MICROSCOPE COMPOSÉ. — Nous prendrons le même objet que tout à l'heure, une toute petite lettre, et nous le placerons sur le banc d'optique du côté de la lentille éclairante ; nous disposerons derrière cet objet une lentille très convergente dont nous aurons déjà déterminé la distance focale, et nous donnerons à cette lentille une position telle que l'objet soit situé très près mais un peu au delà de son foyer principal. L'image de la lettre, très agrandie et renversée, viendra se faire en un point de la règle que nous chercherons avec l'écran. Ce point une fois trouvé, nous y laisserons l'écran, et nous mettrons derrière lui une deuxième lentille convergente de distance focale connue et disposée de telle sorte que l'écran et, par suite, l'image de l'objet se trouvent entre cette lentille et son foyer, mais assez près de son foyer. Supprimant alors l'écran, nous verrons à travers la deuxième lentille, appelée *oculaire* et fonctionnant comme loupe, l'image renversée donnée par la première, appelée *objectif* ; cette image sera encore plus grande que la précédente ; mais elle sera toujours renversée par rapport à l'objet. Nous avons ainsi réalisé, dans ses parties les plus essentielles, la disposition du microscope composé.

On peut encore interposer une troisième lentille convergente sur le trajet des rayons lumineux qui vont former l'image objective. Cette image ne se fera plus alors au même point, mais bien un peu plus près de la lentille objective, comme on pourra s'en assurer en la recevant sur

5

un écran ; elle sera, il est vrai, un peu moins amplifiée que tout à l'heure ; mais, en revanche, certains rayons qui ne tombaient pas sur l'oculaire avant l'interposition de la troisième lentille viendront le rencontrer une fois que celle-ci aura été ajoutée. Cette nouvelle lentille a donc pour effet d'augmenter le champ de l'instrument, d'où son nom de *verre de champ*. Quoi qu'il en soit, il faut toujours disposer les lentilles de telle façon que l'image de l'objet donnée par le système de l'objectif et du verre de champ vienne se former entre l'oculaire et son foyer principal, très près de ce foyer. Si la lentille oculaire et le verre de champ sont convenablement choisis (lentilles n° 2 et n° 3) et convenablement placés, on pourra constater que l'image vue à travers l'oculaire est sensiblement achromatisée, alors que celle que l'on apercevait avant l'interposition du verre de champ était très irisée sur ses bords.

Remarque. — Dans les microscopes tels qu'on les construit aujourd'hui, la lentille de champ est fixée à une distance invariable de l'oculaire et enchâssée dans le même tube que lui. Le système de la lentille oculaire et du verre de champ constitue un oculaire composé *négatif*.

6° Lentilles cylindriques simples. — Nous désignons ainsi des milieux réfringents limités par deux surfaces cylindriques, les axes et par suite les génératrices des deux cylindres étant parallèles ; l'un des cylindres peut avoir un rayon de courbure infini et par conséquent se confondre avec un plan. Ces lentilles peuvent être convergentes ou divergentes. Elles exercent des actions différentes sur les rayons lumineux suivant leurs différents méridiens.

Prenons pour objet lumineux un petit trou percé dans un diaphragme que nous disposerons à l'extrémité du banc d'optique, tout près de la lentille éclairante ; plaçons près de l'autre extrémité du banc une lentille cylindrique convergente [1] et derrière elle un écran que nous déplacerons

[1] Il faut prendre une lentille assez convergente ; les résultats sont ainsi plus nets.

jusqu'à ce que l'image nette de l'objet vienne se former sur lui. Nous constaterons que cette image n'est pas semblable à l'objet : au lieu d'un point, nous aurons en effet sur l'écran une droite lumineuse dirigée suivant l'axe de la lentille, c'est-à-dire parallèle à la direction commune des génératrices des portions de cylindre qui constituent les faces de la lentille. Lorsque le point lumineux qui sert d'objet est à l'infini, c'est-à-dire lorsque les rayons qui tombent sur la lentille sont parallèles, l'image se forme dans le plan focal de la lentille ; cette image s'appelle ligne focale, et sa distance à la lentille mesure (si la lentille a une épaisseur négligeable) la distance focale. Cette distance correspond au méridien perpendiculaire aux génératrices de la surface cylindrique, méridien de courbure maxima [1]. Dans le cas actuel, l'objet étant très éloigné, l'image se fait sensiblement dans le plan focal, et la distance de l'écran à la lentille représente approximativement la distance focale. Si l'on rapproche l'objet de la lentille, la droite image s'en éloignera, et l'on pourra vérifier, en opérant exactement comme nous l'avons indiqué à propos des lentilles sphériques, que la position de l'image est liée à celle de l'objet par la relation $\frac{1}{p} + \frac{1}{p'} = \frac{1}{f}$.

Au lieu de prendre pour objet un point, prenons une fente linéaire. Si l'axe de la lentille est parallèle à la fente, l'image sera une droite allongée, également parallèle à la fente. Si l'axe de la lentille est perpendiculaire à la fente, nous recevrons sur l'écran une image ayant la forme d'une bande et qui est constituée par la juxtaposition de droites parallèles à l'axe de la lentille, droites qui sont les images des différents points de la fente. Si l'axe de la lentille occupe une position intermédiaire entre les deux précédentes,

---

[1] Il y aurait lieu de considérer en réalité une seconde ligne focale située à l'infini, et par suite une distance focale infiniment grande qui correspondrait au méridien parallèle aux génératrices de la surface cylindrique, méridien de courbure nulle.

l'image de la fente aura la forme d'une bande plus ou moins déformée et plus ou moins diffuse.

Prenons pour objet une ouverture carrée percée dans un diaphragme, et plaçons la lentille de telle sorte que son axe soit parallèle à l'un des côtés du carré ; l'image que nous recevrons sur l'écran aura la forme d'un rectangle allongé suivant la direction de l'axe de la lentille : pour toute autre orientation de la lentille, l'image représentera un parallélogramme plus ou moins déformé, à contours estompés.

Toutes ces expériences montrent que les images données par les lentilles cylindriques sont déformées ; on comprend la possibilité d'utiliser dans certains cas cette déformation pour corriger une déformation de sens inverse produite par des milieux réfringents terminés par des faces d'une courbure irrégulière. Prenons en effet de nouveau pour objet le diaphragme percé en son centre d'un trou très fin ; disposons devant lui, sur un support, une lentille cylindrique dont l'axe soit horizontal : nous verrons se dessiner sur l'écran, convenablement placé, une ligne horizontale très nette. Laissant alors en place l'objet et l'écran, enlevons la lentille de son support, et substituons-lui une seconde lentille de même distance focale mais en l'orientant de façon que son axe soit vertical : nous aurons sur l'écran une ligne verticale très nette. Si au lieu de placer successivement les deux lentilles sur le support, nous les y plaçons simultanément, en ayant toujours soin que l'axe de l'une soit horizontal et celui de l'autre vertical, ou encore que les deux axes soient à angle droit quelle que soit leur orientation dans l'espace, l'image reçue sur l'écran sera non plus une droite mais un point ; elle sera semblable à l'objet ; la déformation due à l'une des lentilles aura été détruite par l'autre.

7° LENTILLES SPHÉRO-CYLINDRIQUES. — Ce sont des milieux réfringents limités par une surface cylindrique et une surface sphérique. On ne se sert guère que de celles qui ont les faces toutes deux ou convexes ou concaves. On peut se les représenter comme formées d'une lentille plan-sphérique et d'une lentille plan-cylindrique accolées par leur face plane.

Prenons encore pour objet le diaphragme percé en son centre d'un trou très fin ; disposons-le sur le banc d'optique, et cherchons avec un écran l'image donnée par une lentille sphéro-cylindrique biconvexe [1]. Au lieu d'une image, nous en trouverons deux situées à des distances différentes de la lentille. Chacune de ces images est une ligne droite ; l'une de ces lignes est parallèle à l'axe de la surface cylindrique qui limite l'une des faces de la lentille ; l'autre est perpendiculaire à cette direction. Les deux faces de la lentille employée étant convexes, c'est la droite image la plus rapprochée de cette lentille qui est parallèle à l'axe du cylindre. Plaçons d'abord l'objet très loin de la lentille, nous pourrons le considérer comme étant à l'infini, et les deux droites images se confondront sensiblement avec les droites focales ; leurs distances à la lentille représenteront, à très peu près, si la lentille a une épaisseur négligeable, les deux distances focales principales. Si l'on diminue la distance qui sépare l'objet de la lentille, les droites images s'éloigneront de la lentille, et l'on pourra vérifier, en opérant comme nous l'avons déjà indiqué précédemment, que la position de chacune des images est liée à celle de l'objet par une relation de la forme $\frac{1}{p} + \frac{1}{p'} = \frac{1}{f}$.

Il faut remarquer seulement que la valeur de f est différente suivant celle des deux images que l'on considère.

Plaçons maintenant l'écran percé d'un trou sur le banc d'optique, et disposons au delà une lentille sphérique convergente de distance focale connue, à une distance telle que le trou coïncide avec le foyer principal de cette lentille.

[1] On prendra une lentille assez convergente ; les résultats sont ainsi plus nets.

Nous aurons ainsi un faisceau de rayons parallèles. Inter-
posons sur le trajet de ce faisceau une lentille sphéro-
cylindrique biconvexe très convergente; déplaçons lentement un écran au delà de cette lentille, et étudions les
différentes formes de la tache lumineuse reçue sur l'écran
dans ses diverses positions. Ces différentes formes représenteront autant de sections du faisceau lumineux après
réfraction, ces sections étant faites par des plans perpendiculaires à l'axe ; elles nous permettront par suite de nous
rendre compte de la forme du faisceau réfracté. Lorsque
l'écran sera très près de la lentille, la tache lumineuse aura
l'aspect d'une ellipse. Faisons en sorte, en orientant convenablement la lentille, que le grand axe de cette ellipse soit
horizontal. Si nous éloignons progressivement l'écran,
l'ellipse s'aplatira de plus en plus et, lorsque l'écran sera
dans le premier plan focal principal, l'ellipse sera réduite
à une droite horizontale. Continuons à éloigner l'écran :
nous aurons d'abord une ellipse à grand axe horizontal ;
mais le grand axe ira diminuant tandis que le petit ira
croissant, si bien que pour une position déterminée de
l'écran nous aurons un cercle ; plus loin nous aurons de
nouveau une ellipse, mais son grand axe sera vertical; elle
s'aplatira de plus en plus à mesure que l'on reculera
l'écran et se réduira à une droite verticale lorsque l'écran
sera dans le second plan focal. Au delà de cette position
on aura de nouveau sur l'écran une ellipse à grand axe vertical; il en sera dès lors ainsi quelle que soit la distance
à laquelle on place l'écran.

8° DÉTERMINATION DU NUMÉRO D'UN VERRE A L'AIDE DU
PHAKOMÈTRE DE SNELLEN. — Le phakomètre de Snellen
se compose d'une planchette assez épaisse fixée horizontalement sur un pied vertical. Cette planchette est creusée
d'une rainure dans laquelle s'engagent deux supports
spéciaux mobiles longitudinalement de part et d'autre du
milieu. Ces deux supports sont munis, l'un d'un disque

opaque percé d'ouvertures de très petit diamètre qui sont
distribuées en forme de croix, l'autre d'une plaque de verre
dépoli sur laquelle on a reproduit exactement à l'encre la
disposition des ouvertures pratiquées dans le disque précédent. Chacun des supports est fixé à l'extrémité d'un
ruban en acier mince et flexible ; les deux rubans ont la
même longueur et peuvent glisser facilement dans la rainure de la planchette. Ils traversent verticalement cette
planchette et aboutissent à un même bouton mobile le long
d'une coulisse incrustée dans le pied de l'instrument. Il
résulte de cette disposition qu'un mouvement d'abaissement ou d'élévation imprimé au bouton a pour conséquence un déplacement simultané du disque percé de
trous et de l'écran en verre dépoli ; de plus, le disque et
l'écran restent constamment, quelle que soit la position
qu'on leur donne, à une distance du milieu qui est la même
pour tous deux. A l'une des extrémités de la règle, du côté
du disque, se trouvent une petite lampe à pétrole et une
lentille positive fixe destinée à concentrer ses rayons ; au
milieu sont fixés : une pince, entre les deux mors de laquelle
se place la lentille dont on veut déterminer le numéro, et,
de chaque côté de cette pince, à égale distance d'elle, deux
verres positifs de même puissance qui n'ont d'autre but
que de diminuer la longueur à donner à la planchette. Une
graduation en dioptries qui va de 0 à 20 a été tracée empiriquement vis-à-vis la portion de la rainure dans laquelle
peut se déplacer l'écran en verre dépoli. La détermination
du numéro d'un verre avec le phakomètre de Snellen est
alors des plus simples, voici en quoi elle consiste :

a. *Cas d'une lentille sphérique convergente.* — On place
la lentille entre les deux mors de la pince qui est fixée au
milieu de la planchette ; puis, la lampe à pétrole étant
allumée, et le disque percé de trous ainsi que l'écran de
verre dépoli étant aux deux extrémités de la règle, on se
place derrière l'écran, et on abaisse le bouton, qui peut

glisser le long du pied de l'instrument, d'autant plus lentement que l'image des trous observée par transparence
sur le verre dépoli devient plus nette. Quand on a dépassé
la position du maximum de netteté, on ramène l'écran en
arrière en soulevant le bouton. Lorsque, après quelques
tâtonnements, on a donné à l'écran une position telle
que l'image des trous vienne se dessiner le plus nettement
possible sur les petits cercles tracés à l'encre sur la plaque
de verre dépoli, il suffit de lire le numéro de la graduation
qui se trouve en face de l'index porté par le support de
l'écran pour connaître en dioptries le numéro du verre
examiné.

b. *Cas d'une lentille sphérique divergente.*— Si la lentille
dont on veut déterminer le numéro est négative, on n'obtiendra jamais sur l'écran, en opérant comme nous venons
de l'indiquer ci-dessus, d'image nette de l'objet. Il faudra
avoir recours à une lentille positive de numéro connu et
évidemment plus fort en valeur absolue que celui de la
lentille négative essayée. On accolera les deux lentilles; on
les placera entre les deux mors de la pince, et l'on cherchera comme précédemment la position qu'il faut donner
à l'écran pour recevoir l'image nette des ouvertures du
disque. Le numéro de la graduation qui se trouvera alors
en face de l'index fixé sur le support de l'écran donnera,
en dioptries, le pouvoir dioptrique de l'ensemble des deux
verres associés; ce pouvoir est sensiblement égal à la
somme des pouvoirs dioptriques des deux verres; il suffira
donc de retrancher du nombre lu sur la graduation celui
qui représente en dioptries le pouvoir dioptrique du verre
positif auxiliaire, pour avoir, également exprimé en
dioptries et affecté de son signe, le numéro cherché.

Il faut remarquer toutefois que, à cause même de la
disposition adoptée, les résultats fournis par le phakomètre
de Snellen dans le cas actuel sont moins exacts que ceux
qu'il donnait dans le cas précédent.

c. *Cas d'un verre cylindrique.* — Si le verre examiné est cylindrique et convergent, l'image reçue sur l'écran n'aura plus la forme de l'objet, elle sera constituée par autant de droites qu'il y a d'ouvertures pratiquées dans le disque objet. On trouvera deux positions de l'écran pour lesquelles ces droites se dessineront avec netteté, et la direction de ces droites lorsque l'écran occupe l'une de ces positions sera perpendiculaire à leur direction lorsqu'il occupe l'autre.

Les numéros de la graduation qui correspondront aux deux positions de l'écran donneront en dioptries les deux numéros du verre. Si l'un de ces numéros a pour valeur 0, cela signifie que la lentille examinée est une lentille cylindrique simple ; les droites qui se forment sur l'écran lorsqu'il est en face du 0 sont alors dues aux lentilles sphériques fixées de part et d'autre de la lentille examinée; elles se seraient formées à l'infini n'était l'adjonction de ces lentilles. La direction de ces droites est perpendiculaire à l'axe du verre cylindrique essayé ; la direction des droites reçues sur l'écran lorsqu'il occupe sa seconde position est au contraire parallèle à cet axe. Si les deux numéros trouvés pour exprimer la puissance dioptrique de la lentille sont différents de 0, cela signifie que la lentille est sphéro-cylindrique [1]. On déterminera la direction de l'axe du cylindre d'après les considérations suivantes : Si les faces du verre examiné sont toutes les deux convexes, l'axe est parallèle aux droites qui se forment sur l'écran lorsqu'il occupe celle de ses deux positions, qui est la plus rappro-chée du milieu de la planchette; c'est l'inverse si l'une des faces est convexe et l'autre concave. Dans le cas où la

[1] Nous supposons ici que la lentille sphéro-cylindrique examinée est convergente dans ses deux méridiens principaux, c'est-à-dire dans le plan passant par l'axe du cylindre et dans le plan perpendiculaire ; si elle était convergente dans l'un de ces méridiens et divergente dans l'autre, on ne pourrait, en opérant comme nous l'avons indiqué, recevoir sur l'écran qu'un système de droites, et l'on ne trouverait ainsi que le numéro du verre correspondant au méridien convergent.

lentille dont on voudrait déterminer le numéro serait un verre cylindrique divergent, il faudrait lui adjoindre un verre auxiliaire convergent convenablement choisi; il faudrait alors tenir compte de l'action de ce verre auxiliaire. La manipulation serait par suite un peu plus compliquée que dans le cas des lentilles cylindriques convergentes; on arriverait, en outre, à des résultats moins exacts; il sera donc plus commode et plus avantageux d'avoir recours au phakomètre de M. Imbert.

9° DÉTERMINATION DU NUMÉRO D'UN VERRE A L'AIDE DU PHAKOMÈTRE DU Dr BADAL. — Le phakomètre de Badal (fig. 13) est formé de deux tubes en cuivre du, eo, glissant à frottement l'un dans l'autre. Le tube externe du porte à son extrémité postérieure d un diaphragme percé d'une ouverture circulaire assez large et contre lequel on doit placer le verre à examiner; un presse-objet p tendu par un ressort à boudin r maintient le verre en place. Une lentille de 10 dioptries est fixée sur ce même tube par l'intermédiaire d'une charnière s dont l'axe est parallèle à celui du tube, de telle sorte que l'on peut à volonté placer cette lentille à l'intérieur du tube, en l', ou la rejeter au dehors, en l, en la faisant basculer autour de sa charnière. Cette lentille est située à une distance du diaphragme précisément égale à sa propre distance focale, c'est-à-dire à $0^m,10$. Le second tube, l'interne eo, est muni à son extrémité postérieure e d'une plaque en verre dépoli et à son extrémité antérieure o d'un œilleton. Il présente en outre suivant ses génératrices des graduations qui, lorsqu'on l'enfonce ou qu'on le retire, se déplacent devant l'extrémité antérieure u du tube externe, extrémité qui sert d'index. L'une de ces graduations a son 0 un peu au delà du milieu du tube, et ses divisions équidistantes s'échelonnent de part et d'autre de ce 0, depuis 0 jusqu'à 10. Au delà du trait 10, du côté de l'extrémité antérieure, se trouve une seconde échelle dont les traits, inégalement distants les uns des autres, vont de

11 à 20. Enfin une troisième graduation, dont le degré 20 correspond au 0 de la première, s'étend depuis ce 0 jusqu'à l'extrémité antérieure du tube, et donne, pour diverses positions de l'écran en verre dépoli, la distance en centimètres de cet écran au diaphragme contre lequel se place la lentille à examiner. Nous ne nous occuperons pas ici de l'utilité de cette graduation.

a. *Cas d'une lentille sphérique.* — Pour déterminer avec le phakomètre de Badal le numéro d'un verre, il faut d'abord disposer ce verre entre le diaphragme et le presse-objet ; la lentille mobile étant ensuite placée dans le corps du tube, on met l'œil derrière l'œilleton et l'on vise, comme l'on ferait avec une lunette, un objet situé à une grande distance et présentant des détails assez fins. On déplace l'écran en verre dépoli, en enfonçant ou retirant le tube qui le porte, jusqu'à ce que l'image de l'objet que l'on regarde

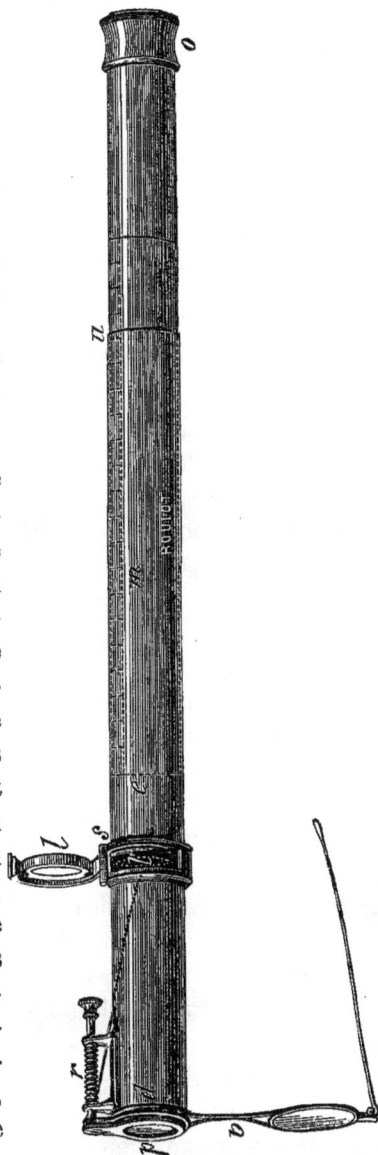

Fig. 13.

vienne se dessiner sur cet écran avec le maximum de

netteté. Il suffit alors, pour connaître en dioptries le
numéro du verre examiné, de lire le numéro de la première
graduation qui se trouve vis-à-vis l'extrémité antérieure
du tube externe. Si ce numéro est au delà du 0, c'est-à-
dire entre le 0 et l'extrémité postérieure du tube interne,
cela signifie que le verre examiné est négatif ; il est positif
au contraire si le numéro qui lui correspond sur l'échelle
est en deçà du 0.

Dans le cas où le numéro du verre à examiner est supérieur à 10 dioptries, on ne peut arriver à mettre au
point l'image de l'objet que l'on vise, quelle que soit la
position que l'on donne à l'écran en verre dépoli, en enfonçant ou retirant le tube qui le porte suivant que le verre
à mesurer est positif ou négatif. Voici dans ce cas particu
lier comment on devra opérer : Si le verre dont on cherche le numéro est convergent, il faudra placer hors du
tube la lentille mobile en la faisant basculer autour de
sa charnière ; on pourra alors enfoncer plus profondément
qu'auparavant le tube qui porte l'écran et parvenir par
suite à mettre l'image au point. Lorsque ce résultat sera
obtenu, le numéro de la seconde graduation qui se trouvera
en face de l'extrémité antérieure du tube externe donnera,
en dioptries, le numéro du verre examiné. Si le verre est
au contraire divergent, il faudra lui adjoindre un verre
positif de 10 dioptries ; on placera les deux verres accolés
entre le presse-objet et le diaphragme ; on laissera la lentille mobile dans le tube, et l'on opérera comme dans le
cas d'un verre de numéro inférieur à 10 dioptries. Il
faudra seulement, pour avoir le numéro cherché, retrancher
+ 10 dioptries du numéro trouvé ou, ce qui revient au
même, lui ajouter — 10 dioptries. Le résultat ainsi
obtenu sera susceptible d'une moins grande exactitude
que le précédent. Il sera bon de faire dans le cas qui nous
occupe actuellement deux déterminations : la première en
plaçant la lentille auxiliaire de + 10 dioptries au-devant
du verre à examiner, la seconde en plaçant le verre au-

devant de la lentille ; on prendra la moyenne des deux numéros trouvés.

Remarque. — M. Imbert a modifié le phakomètre de Badal en adaptant à l'extrémité postérieure *d* du tube externe (*d u* fig. 13) une allonge qui porte perpendiculairement à l'axe de l'instrument : 1° une plaque métallique percée d'une ouverture centrale très étroite ; 2° entre cette plaque et le phakomètre, une lentille sphérique convergente, dont le foyer principal coïncide avec l'ouverture pratiquée dans la plaque. Grâce à ce dispositif, les rayons lumineux provenant de cette ouverture, qui sert d'objet, tombent à l'état de parallélisme sur le verre à essayer. Il n'est plus dès lors nécessaire, pour faire une détermination avec le phakomètre, de viser un objet éloigné, ce qui n'est pas toujours facile dans le cabinet d'un oculiste ; il suffit de regarder avec l'instrument dans la direction d'une source lumineuse quelconque et de mettre au point l'image du trou pratiqué dans la plaque.

b. *Cas d'une lentille cylindrique.* — M. Imbert a, en outre, rendu le phakomètre de Badal utilisable pour la détermination des numéros, ainsi que de la direction de l'axe d'un verre cylindrique ; il a, pour cela, ajouté les modifications suivantes à celles que nous venons d'indiquer. Il a fait tracer en noir sur la surface externe du tube interne (*e o* fig. 13) une des génératrices de ce tube ; sur l'écran en verre dépoli, il a fait également tracer une ligne noire suivant le diamètre qui aboutit à cette génératrice ; il a fait enfin graver sur la circonférence du tube externe, à son extrémité antérieure (*u* fig. 13), une graduation en degrés.

Pour déterminer avec le phakomètre de M. Imbert le numéro d'un verre cylindrique, il suffira de fixer le verre à examiner entre le diaphragme et le presse-objet et de regarder avec l'instrument dans la direction d'une source lumineuse quelconque. On déplacera alors l'écran, en enfonçant ou retirant le tube qui le porte, de manière à faire former successivement sur lui, avec le maximum de netteté, les deux droites qui sont les images de l'ouverture qui sert d'objet ; on lira pour chacune des deux positions que l'on peut donner à l'écran la division de la graduation qui se trouve vis-à-vis l'extrémité antérieure du tube externe, et l'on aura ainsi, en dioptries, les numéros ou pouvoirs dioptriques du verre examiné dans ses deux sections parallèle et perpendiculaire à l'axe. Si l'un des numéros trouvés est 0, cela signifiera que l'on a affaire à une lentille cylindrique simple ; si les deux numéros diffèrent de 0, la lentille sera sphéro-cylindrique. Pour déterminer la direction de l'axe, il suffira de faire coïncider le trait marqué sur l'écran avec celle des deux droites images qui est parallèle à cet axe et de lire alors le numéro de la graduation circulaire gravée à l'extrémité du tube externe, qui se trouve en face de la génératrice tracée sur le tube interne. Pour les verres cylindriques simples, la droite parallèle à l'axe est celle qui se forme sur l'écran lorsqu'il occupe la position qui correspond à celui des deux numéros qui est différent de 0. Pour les verres sphéro-cylindriques, la droite parallèle à l'axe est celle qui se dessine sur l'écran lorsque celui-ci occupe la position qui correspond au plus fort, en valeur absolue, des numéros du verre, si les faces de ce verre sont toutes les deux convexes ou concaves ; si l'une des faces du verre est convexe et l'autre concave, la droite parallèle à l'axe est celle qui, lorsqu'elle se forme sur l'écran, fait connaître le plus faible, en valeur absolue, des deux numéros cherchés [1].

10° DÉTERMINATION DU NUMÉRO D'UN VERRE A L'AIDE D'UNE BOÎTE DE VERRES. — a. *Cas d'une lentille sphérique.* — On place le verre dont on veut déterminer le numéro à une petite distance de l'œil, et on regarde à travers ce

---

[1] Cette règle ne s'applique qu'aux verres sphéro-cylindriques dont les deux numéros sont de même signe.

verre un objet situé en deçà de sa distance focale principale. On prend pour objet, soit les barreaux horizontaux
d'une croisée, soit des lignes horizontales tracées sur un
tableau. Si on imprime alors au verre de petits déplacements de haut en bas et de bas en haut, on verra *l'image
droite* de l'objet se déplacer en sens inverse du mouvement du verre si le verre est positif, dans le même sens
s'il est négatif ; l'image restera immobile si le verre est à
faces parallèles. Il faudra donc, pour déterminer le numéro
d'un verre, déterminer d'abord son signe par le procédé
que nous venons d'indiquer, et lui associer ensuite successivement les différents verres positifs ou négatifs de la

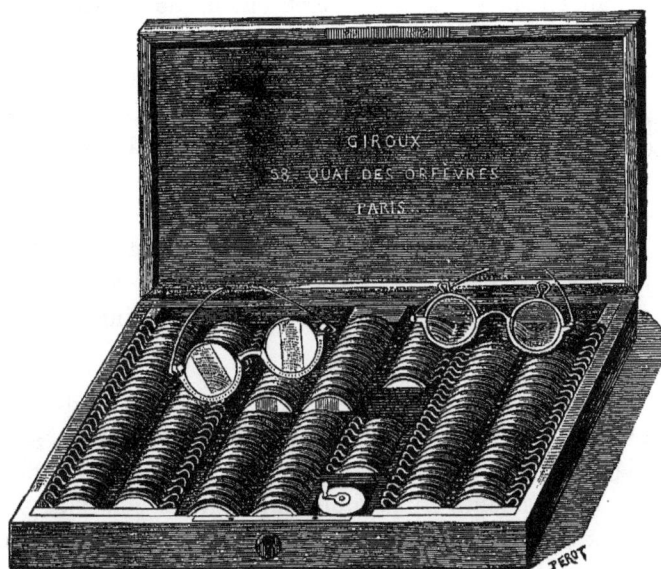

Fig. 14.

boîte d'essai (fig. 14), suivant qu'il est négatif ou positif,
en commençant par le numéro le plus faible, par exemple.
On examinera chaque fois, en plaçant les deux verres
accolés devant l'œil, le sens du déplacement de l'image

par rapport au déplacement des verres ; et, lorsque l'image restera immobile, cela signifiera que le verre de la boîte qui produit cet effet neutralise exactement le verre à mesurer ; son numéro, changé de signe, représentera, par suite, le numéro cherché. Si l'on ne peut arriver à annuler d'une façon absolue le déplacement de l'image, il arrivera cependant forcément un moment où, lors de l'essai successif des différents verres de la boîte d'après l'ordre croissant de leurs numéros, le déplacement de l'image changera de sens par rapport au déplacement du système des deux verres. Le numéro cherché sera alors compris, en valeur absolue, entre le numéro du verre qui produit le changement de sens du déplacement de l'image et le numéro du verre immédiatement inférieur.

Remarque. — Ce procédé est suffisamment exact dans la pratique pour les verres faibles ; il donne des résultats peu précis avec les verres de numéro élevé. On peut s'en assurer en prenant dans la boîte les verres de $+ 12$ et $— 12$ dioptries; on verra, en opérant comme ci-dessus, que ces deux verres juxtaposés ne se neutralisent pas exactement ; les images vues à travers paraissent se déplacer en sens inverse du mouvement que l'on imprime aux lentilles.

b. *Cas d'une lentille cylindrique.* — On regarde avec le verre à examiner deux lignes parallèles, verticales, assez longues pour que les extrémités de chacune d'elles soient vues directement, tandis que leurs parties centrales sont vues à travers la lentille [1]; on prendra pour lignes parallèles les deux bords d'une échelle d'acuité ou deux lignes tracées à la craie sur un tableau noir. On fera tourner la lentille autour de l'axe qui passe par l'œil et l'objet visé et qui est perpendiculaire au plan de la lentille. Si la lentille examinée est cylindrique, on constatera que les portions

[1] Ces lignes doivent, comme l'objet dans le cas précédent, être situées entre la lentille et son foyer principal.

de lignes vues à travers la lentille sont en général, pendant
ce mouvement de rotation, dirigées obliquement par rapport aux portions que l'on voit directement; il n'existe
que deux positions de la lentille pour lesquelles il y ait
parallélisme entre les directions des lignes elles-mêmes et
de leurs images vues à travers la lentille. Ces deux directions sont celles pour lesquelles l'axe de la lentille est
parallèle ou perpendiculaire aux lignes considérées. On
orientera le verre à examiner de façon qu'il occupe l'une
de ces positions et que son axe soit par suite horizontal
ou vertical. Si les portions de lignes vues à travers le
verre sont alors sur le prolongement des lignes vues directement, cela signifie que le verre examiné est un verre
cylindrique simple et que son axe est dirigé perpendiculairement à la direction des lignes observées; il est par
suite horizontal. Si les portions de lignes vues à travers le
verre sont plus rapprochées ou plus écartées que les portions vues directement, cela signifie que l'effet du verre est
divergent ou convergent dans sa section horizontale
actuelle. Il faudra alors essayer successivement et par
ordre les différents verres sphériques de la boîte d'essai en
s'adressant suivant le cas aux convexes ou aux concaves.
On placera ces verres un à un contre celui dont on cherche
le numéro, et on regardera comme précédemment les deux
lignes parallèles. On finira par trouver ainsi un verre tel
que l'écartement des lignes vues à travers l'ensemble des
deux lentilles soit le même qu'à l'œil nu. Il suffira de
changer de signe le numéro du verre qui produit cette
égalité d'écartement, pour avoir le numéro du verre examiné dans sa section horizontale actuelle. On recommencera la même série d'opérations après avoir fait tourner
le verre cylindrique de 90° autour d'un axe normal à
son plan, et le numéro ainsi trouvé sera le numéro du
verre examiné, dans une section perpendiculaire à la première.

Nous avons déjà indiqué que, dans le cas d'une lentille

6

cylindrique simple, l'axe était horizontal lorsque la lentille
était orientée de façon que les portions des deux lignes
verticales vues à travers elle fussent exactement sur le
prolongement des portions vues directement. Dans le cas
d'un verre sphéro-cylindrique, il faut, pour déterminer la
direction de l'axe, se baser sur les considérations suivantes : Si les faces de la lentille sont toutes deux concaves ou
convexes, l'axe du cylindre est dirigé suivant celle des sections considérées ci-dessus dont le numéro est le plus
faible en valeur absolue ; il est au contraire dirigé suivant
celle des deux sections dont le numéro est le plus fort en
valeur absolue, lorsque l'une des faces du verre examiné
est convexe et l'autre concave [1].

Remarque. — Le procédé de la boîte de verre présente,
quand on l'applique à la recherche des numéros des lentilles
cylindriques, l'inconvénient que nous avons déjà signalé à
propos des lentilles sphériques : il est d'autant moins exact
que les verres pour lesquels on l'emploie ont des numéros
plus élevés. Ce procédé ne donne en outre que des indications insuffisamment approchées, lorsqu'on l'utilise pour
déterminer la direction de l'axe d'une lentille cylindrique. On
peut remédier à ce second inconvénient en prenant comme
lignes parallèles à viser deux lignes rigoureusement verticales, et en plaçant le verre à examiner dans un cercle
gradué, fixé de telle sorte que sa ligne 0-180 soit rigoureusement horizontale. Lorsque le verre sera convenablement
orienté, la ligne 0-180 coïncidera avec la direction de l'axe;
il sera donc possible de noter exactement cette direction
sur le verre.

Remarque. — Quand on connaîtra en dioptries le ou les
numéros d'un verre par l'un des procédés ci-dessus, il sera
facile de trouver la distance focale correspondante. On sait
en effet que l'on a :

---

[1] Cette règle ne s'applique qu'aux verres sphéro-cylindriques dont les
deux numéros sont de même signe.

$$D = \frac{1}{f}$$

D représentant le pouvoir dioptrique ou le numéro du verre en dioptries, et f la distance focale en mètres. De l'équation précédente on tire :

$$f = \frac{1}{D}$$

Il suffira donc de diviser l'unité par le numéro trouvé pour avoir en mètres la distance focale cherchée.

11° Détermination du centre d'un verre sphérique. — On place le verre dont on veut déterminer le centre devant l'œil, et on regarde au travers deux lignes perpendiculaires entre elles et assez longues pour qu'on puisse voir directement leurs extrémités, en même temps que l'on aperçoit à travers la lentille l'image de leur partie centrale. On déplace alors le verre dans son plan jusqu'à ce que les images vues à travers la lentille soient exactement sur le prolongement des portions de lignes vues directement. A ce moment, le centre du verre se trouve au point de ce verre où se projette l'intersection des deux lignes que l'on vise. On marquera ce point à l'encre.

12° Vérification des verres neutres. — Par suite même de leur mode de fabrication, les verres neutres ont leurs faces rigoureusement planes ; mais il arrive fréquemment que ces faces ne sont pas parallèles entre elles : le verre constitue un véritable prisme. C'est ce qu'il s'agit ici de vérifier. Pour cela, on place le verre devant l'œil, et l'on regarde au travers une ligne verticale assez longue pour que les extrémités en soient vues directement ; on fait tourner le verre autour d'un axe perpendiculaire à son plan et si, pendant ce mouvement de rotation, la partie centrale de la ligne vue à travers le verre reste constamment sur le prolongement des extrémités qui sont vues directement, le verre est à faces parallèles ; si au contraire il arrive un moment où la partie centrale de la ligne est déviée par rapport aux extrémités, le verre est prismatique, et son arête est verticale lorsque la déviation est maxima.

SIXIÈME MANIPULATION.

Première Partie.

Divers procédés pour reconnaître la simulation de l'amaurose unilatérale [1]. — Les procédés employés pour reconnaître la simulation de l'amaurose unilatérale sont très nombreux ; on ne fera ici l'étude expérimentale que de ceux indiqués ci-après. Tous sont fondés sur un fait physiologique qu'il est nécessaire de connaître si on veut les comprendre : Lorsque nous voyons un objet avec un seul œil, ou lorsque deux objets distincts sont vus simultanément mais séparément par nos deux yeux, c'est-à-dire de telle sorte que chaque œil ne voie qu'un seul objet, il nous est impossible de savoir, par la sensation lumineuse perçue, quel est l'œil qui voit l'objet unique dans le premier cas, quel est celui des deux objets que voit chaque œil dans l'autre.

(a). Procédé de Herter. — On place le sujet qui prétend être affecté de cécité monoculaire, le dos tourné au jour, et l'on dispose à côté de lui, un peu en arrière, une source lumineuse, une lampe munie d'un globe de verre dépoli, par exemple. On se place ensuite en face du sujet et, avec un miroir auquel on imprime de petits déplacements, on renvoie successivement dans chacun de ses yeux la lumière émanée de la lampe, en lui demandant chaque fois s'il

---

[1] Un des deux élèves qui font ensemble cette manipulation simulera une amaurose unilatérale, tandis que l'autre l'examinera par l'un des procédés que nous décrivons ici ; puis on renversera les rôles.

perçoit ou non une sensation lumineuse. Il sera convaincu de simulation, s'il dit voir l'image de la lampe lorsque le miroir est orienté de façon que cette image ne soit visible que pour l'œil prétendu amaurotique.

Remarque. — Ce procédé est très imparfait parce qu'il est possible au sujet examiné de reconnaître quel est celui de ses yeux qui reçoit la lumière, d'après les degrés différents d'obliquité que l'on est obligé de donner au miroir pour les éclairer successivement.

(*b*). Procédé de Flees. — Flees a imaginé un petit appareil constitué par une boîte carrée dont la paroi supérieure[1], en verre dépoli, laisse arriver assez de jour pour éclairer deux objets, deux pains à cacheter, un rouge et un bleu, disposés sur la paroi antérieure de la boîte, de part et d'autre de deux ouvertures par lesquelles doit regarder le sujet à examiner. En face de ces ouvertures sont placés deux petits miroirs plans, orientés de telle sorte que chacun d'eux fasse voir à l'un des yeux du sujet l'image d'un seul des pains à cacheter; de plus, l'image que l'on voit avec un œil est précisément celle qui fait face à l'œil opposé. Si le sujet, interrogé sur ce qu'il voit, répond qu'il aperçoit deux images, l'une rouge, l'autre bleue, la fraude est démontrée; si au contraire il affirme n'en percevoir qu'une, il est très probable, dans le cas où l'on a affaire à un simulateur, que l'image dont il accusera la perception sera précisément celle qui se trouve en face de l'œil qu'il reconnaît être bon, et, comme cette image ne peut être vue que par l'œil qu'il prétend aveugle, la simulation sera dès lors hors de doute.

Remarque. — Ce procédé perd toute sa valeur lorsqu'il est connu du simulateur.

(*c*). Procédé de M. E. Bertin-Sans. — M. E. Bertin-Sans a imaginé un petit appareil auquel il a donné le nom

[1] Cette paroi a été ici supprimée afin de laisser voir la disposition intérieure de l'appareil.

d'optoscope et qui est constitué par une boîte carrée à parois opaques ; la paroi antérieure présente deux ouvertures par lesquelles le sujet examiné doit regarder le fond de la boîte ; de part et d'autre de ces ouvertures se trouvent deux trous ronds obturés par des plaques de verre dépoli. Entre ces trous et les deux ouvertures sont fixés deux petits écrans qui empêchent le sujet d'apercevoir les mouvements faits par l'opérateur pour couvrir ou découvrir avec ses doigts l'une ou l'autre des rondelles de verre dépoli. Sur la paroi opposée de la boîte, deux miroirs plans sont orientés de telle sorte que l'un donne du trou qui se trouve en face de lui une image qui coïncide exactement avec celle que l'autre donne de l'autre trou ; chacune de ces images n'est du reste perçue que par un seul œil ; chaque œil voit l'image du trou qui est à son côté.

Pour se servir de cet instrument, on place le sujet, le dos tourné à une fenêtre, de manière que les deux plaques de verre dépoli soient également éclairées lorsque la boîte est devant ses yeux. Puis on met alternativement le pouce sur l'une et l'autre des plaques de verre dépoli de façon à supprimer alternativement l'une ou l'autre des images, et l'on demande chaque fois à la personne examinée si elle voit ou non un cercle lumineux. Si elle est réellement mono-amaurotique, elle ne verra rien lorsqu'on aura fermé le trou dont l'image est perçue par l'œil sain. Si l'on a affaire au contraire à un simulateur, rien ne pourra le guider, sinon le hasard, dans ses réponses, car, alors même qu'il connaisse la disposition de l'instrument, il ne peut savoir quelle est l'image qui disparaît, puisqu'il ne peut voir quel est le trou que l'on ferme ; et, comme on peut répéter l'expérience un grand nombre de fois dans un temps très court, on finira certainement par obtenir du sujet des réponses en contradiction avec l'état qu'il accuse et par reconnaître sa fraude.

(*d*) Procédé de M. Monoyer. — Ce procédé, dont l'idée

première est due à de Grœfe, repose sur l'emploi du prisme. L'appareil imaginé par M. Monoyer (biprisme) est constitué par deux petits prismes de 10°, se regardant par leurs bases et renfermés dans une boîte cylindrique qui est percée sur chacune de ses deux faces d'une ouverture centrale. Deux boutons extérieurs permettent, grâce à un mécanisme particulier, d'amener en face des deux ouvertures en regard, soit l'un quelconque des deux prismes, soit une portion de la base de chacun, ces bases étant appliquées l'une contre l'autre ou étant séparées par un intervalle de 1 millim. Des index portés par les boutons indiquent à chaque instant à l'opérateur la position occupée par les prismes à l'intérieur de la boîte.

Pour se servir de cet instrument, on le placera devant l'œil sain du sujet à examiner, et on fera regarder au travers un objet lumineux [1], une bougie, par exemple ; puis, l'œil prétendu aveugle étant fermé, on amènera en regard des ouvertures de la boîte l'un des deux prismes ; l'œil sain verra dans ce cas une seule image déviée dans un sens ou dans l'autre suivant le prisme utilisé [2]. On amènera ensuite en face des ouvertures une portion de la base de chaque prisme, ces deux bases étant au contact ; l'œil verra alors deux images déviées. Enfin, quand les bases des prismes seront séparées par un intervalle de 1 millim., l'œil distinguera trois images ; mais l'une centrale sera vue directement, tandis que les deux autres seront déviées par les prismes. On recommencera la même série d'opérations les deux yeux du sujet étant ouverts, et, si l'on a affaire à un simulateur, il verra : dans le premier cas, deux

[1] Cet objet doit être placé à une distance assez grande pour que le sujet examiné ne puisse pas fusionner, lorsqu'il aura les deux yeux ouverts, l'image vue directement par l'œil prétendu aveugle avec l'une de celles vues par l'œil sain à travers l'un des prismes.

[2] Il sera bon de placer le biprisme de façon que les images vues à travers les prismes soient déviées vers en haut et vers en bas ; le fusionnement est ainsi plus difficile que lorsque la déviation se fait latéralement.

images, dont l'une ne sera perçue que par l'œil prétendu aveugle ; dans le second cas, trois images, une centrale vue seulement par l'œil prétendu aveugle et deux
déviées vues par l'œil reconnu sain; enfin, dans le troisième
cas, il distinguera également trois images, mais l'image
centrale sera alors vue binoculairement. Le hasard seul
pouvant guider le simulateur dans ses réponses, il sera facile,
en changeant à plusieurs reprises la disposition des prismes, de le prendre en défaut. Un des meilleurs moyens est
de placer d'abord les prismes dans la troisième position,
le simulateur voit alors trois images dont une binoculairement ; on amène les prismes de la troisième position à la
seconde ; rien ne paraît changé à celui qui y voit également des deux yeux, et pourtant l'image centrale n'est
plus maintenant perçue que par l'œil prétendu aveugle ; le
sujet est donc convaincu de fraude s'il accuse encore la
présence de trois images.

(e). PROCÉDÉ DE GALEZOWSKI. — Ce procédé repose sur
l'emploi de deux prismes, l'un ordinaire, l'autre biréfringent, que l'on place successivement devant l'œil du sujet
à examiner. Ces deux prismes sont enfermés dans des
montures absolument semblables; si bien que l'observateur
lui-même doit, pour les distinguer, les placer alternativement devant l'un de ses yeux, l'autre étant fermé, et regarder si les images qu'ils donnent des objets sont simples
ou doubles. Un trait est tracé sur chacune des montures.
Ce trait doit être dirigé suivant la verticale si l'on veut que
l'image déviée soit toujours située au-dessus ou au-dessous de l'image vue directement.

Pour déjouer par ce procédé la simulation de l'amaurose unilatérale, on fait d'abord fermer, au sujet que l'on
examine, l'œil prétendu malade, et on place devant l'œil
sain le prisme biréfringent convenablement orienté ; cet
œil perçoit alors deux images de l'objet [1] qu'il regarde

---

[1] Cet objet doit être assez éloigné.

(une ligne horizontale tracée à la craie sur un tableau noir ou encore un barreau de fenêtre). Faisant ensuite ouvrir les deux yeux au sujet, on place alternativement devant son œil sain, en ayant soin de les bien orienter, le prisme ordinaire et le prisme biréfringent. Un simulateur verra constamment dans ces conditions deux images; seulement, dans le premier cas (prisme ordinaire), chaque œil perçoit une seule image, et si le sujet accuse la présence de deux, la fraude est reconnue; dans le second cas (prisme biréfringent), l'œil sain perçoit à lui seul deux images, l'une de ces images se confondant avec celle qui est perçue par l'œil prétendu aveugle; on sera donc certain que le sujet ne dit pas la vérité s'il n'avoue pas y voir double. C'est le hasard seul qui dictera, dans ce cas comme dans le précédent, la réponse du simulateur, et le hasard ne pourra lui être constamment favorable si on le soumet à un nombre suffisant d'épreuves.

(*f*). Procédé de Snellen. — On dispose en face du sujet à examiner un tableau à fond noir sur lequel sont tracés en rouge et en vert des lettres ou des signes quelconques; puis on invite le sujet à lire ou à reconnaître ces caractères, et, pendant qu'il le fait, on place devant son œil sain un verre rouge ou un verre vert dont on lui a préalablement montré au jour la transparence. Le verre rouge doit être tel qu'il ne laisse passer que le rouge, et le verre vert doit au contraire ne laisser passer que le vert, ou tout au moins ne laisser passer aucune des radiations qui entrent dans la composition de la couleur verte des caractères du tableau. Si, lorsque l'un de ces verres est placé devant son œil sain, le sujet continue à distinguer tous les caractères, la fraude est manifeste; les caractères verts sont en effet invisibles à travers le verre rouge, et les rouges à travers le verre vert; le sujet distingue donc forcément les premiers ou les seconds, suivant que l'on emploie l'un ou l'autre de ces verres, avec l'œil prétendu malade.

Remarque.— Ce procédé perd toute sa valeur lorsqu'il est connu de celui qu'on examine. Quand il réussit, il permet, dans le cas où le sujet aurait seulement exagéré une amblyopie existant en réalité, de mesurer l'acuité visuelle de son œil malade ; mais il faut pour cela avoir eu soin de tracer sur le tableau noir des caractères verts et rouges de grandeurs différentes et déterminées ; le mieux est d'employer des échelles typographiques dont les caractères sont peints en vert ou en rouge sur un fond noir.

Remarques générales. — Quel que soit le procédé employé il faut ne pas perdre complètement de vue l'œil que le sujet prétend aveugle ; et, si l'on s'aperçoit que le sujet ne répond qu'après avoir furtivement fermé cet œil afin de se renseigner sur ce qu'il doit dire, on pourra être certain que l'on a affaire à un simulateur.

Enfin, quel que soit encore le procédé employé, il sera fort difficile, sinon impossible, de mettre en contradiction avec lui-même celui qui ne sera coupable que d'exagération, c'est-à-dire celui qui se prétendra aveugle d'un œil qui présente en réalité une acuité visuelle assez inférieure à celle de son congénère. Celui-là en effet peut facilement distinguer l'une de l'autre les impressions reçues séparément par chacun de ses yeux, et il peut éviter par suite de tomber dans les différents pièges qu'on lui tend.

Deuxième Partie.

1° MESURE DE L'ACUITÉ VISUELLE (*a*) A L'ŒIL NU. — On emploiera pour cette mesure l'une quelconque des échelles typographiques aujourd'hui en usage. Ces échelles sont toutes analogues ; elles sont constituées par un certain nombre de lignes de caractères de grandeurs différentes ; les plus petits caractères, qui forment en général leur dernière ligne, ont des dimensions telles qu'à 5 mèt. leur diamètre apparent est de 5′ ; et l'on est convenu de regarder comme égale à l'unité l'acuité visuelle d'un œil qui

distingue ces caractères à la distance de 5 mèt. Les caractères des autres lignes sont plus grands. L'échelle de
Monoyer présente dix lignes de caractères ; elle a l'avantage
de donner l'acuité visuelle en dixièmes. Dans l'échelle de
Snellen, les lettres, qui présentent l'inconvénient qu'on peut
les deviner autant que les lire, sont remplacées par des
carrés dont il manque un côté. Les autres échelles (Vec-
ker, Giraud-Teulon, Parinaud, etc., etc.) se différencient,
soit par les lettres choisies, soit par la disposition donnée
à ces lettres (impression à l'envers, etc.).

Quelle que soit l'échelle adoptée, on la suspendra en un
endroit bien éclairé de la salle, et on placera le sujet à
examiner en face d'elle, à une distance de 5 mèt. Les choses
devront être disposées de telle sorte que le sujet tourne le
dos au jour ; on lui fera alors mettre la main devant l'un
de ses yeux, en lui recommandant de laisser cet œil ouvert
et de n'exercer sur lui aucune pression ; il pourra dans ces
conditions relâcher plus facilement et plus complètement
son accommodation ; puis on l'invitera à lire avec l'autre
œil, qu'il devra tenir bien ouvert, les caractères de l'échelle
ou à indiquer leur forme si l'échelle employée est celle de
Snellen. L'acuité visuelle V de l'œil examiné se trouve
inscrite en regard ou au-dessus de la ligne constituée par
les plus petits caractères que le sujet peut distinguer
nettement. On trouve parfois inscrite en face de cette ligne,
au lieu de l'acuité visuelle V, la distance D à laquelle les
caractères qui la composent doivent être lus par un œil
pour que son acuité soit égale à 1. La valeur de V s'obtiendra
alors facilement en divisant 5 mèt. par D. On déterminera,
s'il y a lieu, l'acuité visuelle du second œil en opérant exactement comme nous venons de l'indiquer pour le premier.

(b). AU TROU D'ÉPINGLE. — On recommencera la même
détermination après avoir placé devant l'œil examiné une
carte percée d'un petit trou de moins d'un demi-millimètre
de diamètre.

Remarque. — Dans ces conditions, le fonctionnement de l'œil est réduit à celui d'une simple chambre obscure ; et, si la vision est confuse par suite de l'existence de quelque anomalie de la réfraction, la valeur trouvée dans le cas actuel pour l'acuité visuelle sera supérieure à celle obtenue dans le cas précédent. Si l'on ne constate au contraire aucune amélioration de la vision, cela signifiera que c'est par suite de quelque altération pathologique des milieux ou des parties profondes de son œil que le sujet examiné présente une acuité visuelle inférieure à la normale ; et il sera par conséquent inutile d'essayer de porter remède à son état par l'emploi de verres correcteurs.

(*c*). Après l'addition du verre correcteur. — La mesure de l'acuité se fera dans ce cas exactement comme dans le premier, avec cette seule différence que l'on aura placé devant l'œil du sujet le verre correcteur de l'anomalie dont il est atteint, verre correcteur qui aura été trouvé par l'un des procédés indiqués ci-après.

Remarque. — Le verre correcteur agit sans doute ici directement sur la valeur de l'acuité, puisqu'il influe sur la grandeur des images qui viennent se former sur la rétine de l'œil devant lequel il est placé ; mais la mesure de l'acuité visuelle après l'addition de ce verre permet de connaître la plus grande amélioration qu'il est possible d'apporter à la vision du sujet ; il suffit pour cela de comparer les valeurs de l'acuité visuelle à l'œil nu et après addition du verre.

2° Détermination du punctum remotum ou du degré d'amétropie. — Nous supposerons dans tout ce qui va suivre que l'œil examiné n'est pas astigmate. La septième manipulation sera consacrée en majeure partie au diagnostic de l'astigmatisme et à la mesure de son degré.

(*a*). Méthode de Donders.— On se servira, pour déterminer par cette méthode le degré d'une amétropie, soit d'une boîte de verres (fig. 14), soit du disque optométrique de Perrin, soit de l'optomètre de Javal (fig. 16).

Pour placer successivement devant l'œil du sujet que l'on examine les différents verres de la boîte, on fera usage d'une lunette d'essai. Celle du Dr Armaignac (fig. 15) pré-

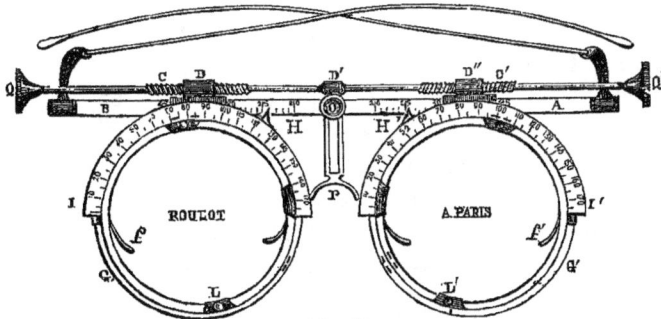

Fig. 15.

sente, entre autres avantages, celui de permettre d'éloigner ou de rapprocher à volonté les deux armatures, auxquelles on peut ainsi donner l'écartement des yeux du sujet. Il faut pour cela faire tourner la tige Q Q' dans un sens ou dans l'autre, suivant le cas.

Le *disque optométrique de Perrin* (modèle adopté dans l'armée) est constitué par un disque percé le long de sa circonférence d'une série d'ouvertures dans lesquelles sont enchâssées des lentilles sphériques positives ou négatives. Les lentilles positives sont toutes disposées du même côté d'un diamètre passant par deux ouvertures qui ne sont point munies de lentille et qui portent le n° 0 ; elles sont rangées d'après l'ordre croissant de leurs numéros, et ces numéros se trouvent inscrits à côté de chaque lentille ; la plus forte est de 6 dioptries. Les lentilles négatives placées de l'autre côté du diamètre 0-0 sont ordonnées comme les lentilles positives ; la plus forte est de 4,50 dioptries. Les signes + et — gravés sur chaque moitié du disque indiquent le côté des lentilles convergentes et celui des lentilles divergentes. Le disque est porté par un support ; il peut tourner autour d'un axe passant par son centre et perpendiculaire à son plan, de telle sorte que l'on peut facilement amener devant l'œil du sujet examiné des lentilles positives de 0 à + 6 dioptries ou des lentilles négatives de 0 à — 4,50 dioptries. Pour les numéros plus forts, on a recours à une association de lentilles. Une alidade mobile autour du même axe que le disque porte en effet, à chacune de ses extrémités, une lentille que l'on peut placer, en même temps que l'une de celles du disque, devant l'œil observé. L'une de ces lentilles est de + 7 dioptries; en l'employant seule ou l'associant successivement aux lentilles positives du disque, on pourra réaliser les divers numéros de verres depuis + 7 jusqu'à + 7 + 6 = + 13 dioptries. L'autre est de — 8 dioptries ; en l'associant aux lentilles positives de + 3 à + 1 dioptries, on pourra réaliser les divers numéros + 3 — 8 = — 5,...... + 1 — 8 = — 7 dioptries; en l'employant seule ou l'associant aux différentes lentilles négatives, on pourra continuer à réaliser la série des verres depuis —8 jusqu'à — 8 + (— 4,50) = — 12,50 dioptries.

L'optomètre de Juval (fig. 16) se compose de deux disques égaux, appliqués l'un contre l'autre et analogues à celui de l'appareil précédent, mais plus grands et portant un nombre bien plus considérable de lentilles. Sur l'un des disques se trouvent des lentilles cylindriques, sur l'autre des lentilles sphériques. Sur chaque disque les lentilles sont disposées comme dans l'optomètre que nous venons de décrire ; c'est-à-dire que toutes les lentilles positives sont placées du même côté d'un diamètre passant par deux ouvertures vides, n° 0, et qu'elles sont rangées d'après l'ordre croissant de leurs numéros, qui sont inscrits à côté d'elles. Les lentilles négatives ordonnées de même se trouvent de l'autre côté du même diamètre. Le signe + et le signe — gravés sur chaque moitié du disque indiquent le côté des lentilles convergentes et celui des lentilles divergentes. Les deux disques peuvent tourner indépendamment

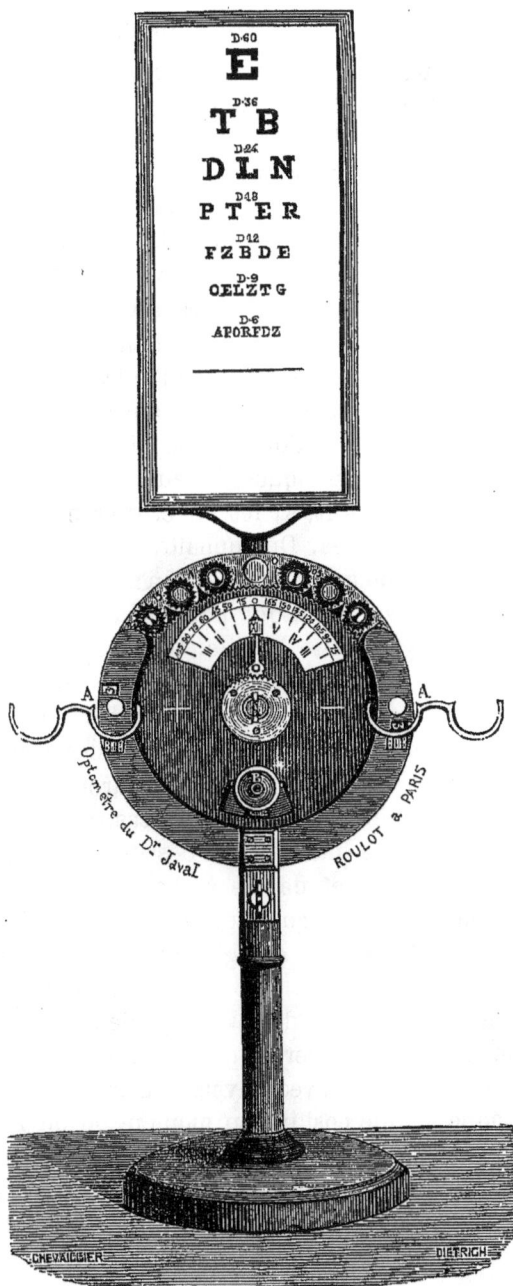

D·60
E
D·36
T B
D·24
D L N
D·18
P T E R
D·12
F Z B D E
D·9
O E L Z T G

D·6
A P O R F D Z

Optomètre du Dr Javal

ROULOT & PARIS

CHEVALLIER

DIETRICH

Fig. 16.

l'un de l'autre autour d'un axe commun perpendiculaire à
leur plan et passant par leur centre. Le disque antérieur,
celui qui porte les lentilles cylindriques, est recouvert sur
les trois quarts de sa circonférence par une espèce de monture métallique en forme de demi-gouttière qui masque
ces lentilles. Cette monture présente deux ouvertures A,A,
une de chaque côté de l'appareil; c'est au-devant de l'une
de ces ouvertures que l'on devra inviter le sujet à placer
son œil lorsqu'on voudra faire une détermination. Il suffira
alors de tourner à la main l'un ou l'autre des disques pour
amener successivement devant l'œil examiné toutes les
lentilles qu'il porte. Si l'on veut ne faire passer devant l'œil
que des lentilles sphériques, il faudra amener d'abord en
face des ouvertures A, A, les ouvertures n° 0 du disque à
lentilles cylindriques. On connaîtra alors le numéro de la
lentille sphérique qui se trouve à un moment donné devant
l'œil en lisant sur le disque postérieur le numéro qui est
inscrit à côté de cette lentille. Une disposition analogue
permet de ne faire passer devant l'œil que des lentilles
cylindriques : on amène pour cela en face des ouvertures
A, A les ouvertures n° 0 du disque à lentilles sphériques, et,
laissant ce disque immobile, on fait tourner celui qui porte
les lentilles cylindriques. Dans ce cas, une petite fenêtre
ménagée dans la monture au-dessus ou au-dessous des
ouvertures A permet de lire à chaque instant le numéro
de la lentille cylindrique qui se trouve en face de l'œil
examiné. Enfin, on peut en agissant sur le bouton B donner
à l'axe de ces lentilles telle orientation que l'on désire,
grâce à un mécanisme des plus ingénieux; une aiguille se
déplaçant devant un cercle gradué indique, par sa position, l'angle que fait avec la verticale la direction de l'axe
de chaque lentille positive au moment où on l'a amenée,
en faisant tourner le disque, en face de l'ouverture A, derrière laquelle se trouve placé l'œil du sujet. Pour les lentilles négatives, l'angle indiqué par l'aiguille est celui que
la direction de l'axe de ces lentilles fait non plus avec la

verticale, mais bien avec l'horizontale. On comprend, d'après ce qui précède, que l'optomètre de Javal permet de faire passer devant l'œil du sujet non seulement toute la série des verres positifs ou négatifs sphériques ou cylindriques, mais encore toute une série de verres sphéro-cylindriques que l'on peut réaliser en associant deux à deux les verres de chaque disque.

Quel que soit l'instrument adopté (boîte de verres, disque optométrique de Perrin, optomètre de Javal), voici maintenant comment l'on devra opérer si l'on veut déterminer par la méthode de Donders le degré d'amétropie d'un œil : On commencera par placer le sujet à examiner, le dos tourné au jour, à une distance de 5 mèt. d'une échelle typographique convenablement éclairée, et on l'invitera à mettre la main devant celui de ses yeux qui ne doit pas être soumis le premier à l'examen. On l'engagera à laisser néanmoins cet œil ouvert et à n'exercer sur lui aucune pression, afin de ne pas s'opposer au relâchement aussi complet que possible de son accommodation, dans le cas où il n'a pas été fait au préalable des instillations d'atropine. Si l'on fait usage d'une lunette d'essai, on placera un écran circulaire opaque dans celle des montures qui se trouve devant l'œil que l'on veut momentanément exclure de la vision. Les choses étant ainsi disposées, on déterminera, comme nous l'avons indiqué tout à l'heure, l'acuité visuelle, à l'œil nu, de l'œil laissé seul à découvert; puis on cherchera si cet œil est myope ou hypermétrope et quel est le numéro du verre qui corrige le plus exactement possible l'anomalie dont il est atteint. Mais il faut distinguer ici deux cas suivant que l'accommodation est ou n'est pas paralysée chez le sujet que l'on examine, c'est-à-dire suivant qu'il a été fait ou non des instillations préalables d'atropine dans l'œil dont on veut mesurer le degré d'amétropie.

Premier cas. — L'œil a été fortement atropinisé [1]. — On

---

[1] La mesure du degré d'amétropie sur des yeux atropinisés se fera à la clinique ophtalmologique.

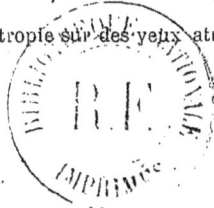

7

placera d'abord devant l'œil un verre positif faible à 13^{mm} environ de la cornée, et on déterminera de nouveau, en opérant comme nous l'avons déjà indiqué, l'acuité visuelle après l'addition de ce verre. S'il y a amélioration, c'est que l'on a affaire à un hypermétrope ; on fera alors passer successivement devant son œil, d'après l'ordre croissant de leurs numéros, les différents verres sphériques positifs de la boîte de verres ou de l'un des optomètres, en ayant soin que ces verres soient toujours placés à 13^{mm} environ en avant de la cornée. Le verre qui procurera la meilleure acuité visuelle sera celui qui corrigera le plus exactement l'hypermétropie du sujet; son numéro fera donc connaître le degré de cette hypermétropie ou la distance en dioptries du punctum remotum de l'œil examiné à son foyer prin- cipal antérieur, cette distance devant être comptée en arrière de ce foyer, et par suite affectée du signe — [1]. Si au contraire un verre positif n'amène aucune amélioration de l'acuité, on essayera d'un verre négatif faible; si l'acuité visuelle est alors supérieure à ce qu'elle était avant l'addi- tion de ce verre, cela signifiera que l'œil devant lequel il est placé est atteint de myopie. On mesurera le degré de cette myopie ou la distance en dioptries du punctum remotum au foyer antérieur de l'œil, distance qui devra être affectée du signe +, en cherchant, comme précédemment pour les verres positifs, quel est le verre qui procure au sujet la meilleure acuité visuelle. Enfin, si l'œil examiné est emmé- trope, son acuité visuelle sera diminuée quel que soit le numéro du verre que l'on place devant lui. On recom- mencera pour le second œil la même série de détermina- tions que pour le premier.

Remarques. — Les numéros de verres ainsi obtenus pro- curent au sujet la vision nette pour la distance de 5 mèt.;

---

[1] La distance en dioptries du punctum remotum à un œil est égale et de signe contraire au numéro, en dioptries, du verre exactement correc- teur de l'anomalie (myopie ou hypermétropie) dont cet œil est atteint.

celui-ci est donc encore myope de $\frac{1}{5} = 0^d,2$; il faudrait
par conséquent, pour avoir rigoureusement le degré de son
anomalie, retrancher $0^d,2$ du numéro trouvé pour le verre
correcteur, ce numéro étant pris avec son signe. Il faut
remarquer toutefois qu'il est difficile d'obtenir ce numéro
avec une exactitude suffisante pour que cette correction ait
réellement de l'importance au point de vue pratique. Les
verres des boîtes ou des optomètres diffèrent en effet entre
eux de $0^d,25$, $0^d,50$, et même 1 dioptrie, suivant les
numéros que l'on considère, et il arrive néanmoins parfois
que le sujet hésite encore pour savoir quel est celui de
deux verres dont les numéros se suivent qui lui procure
la meilleure acuité. Ce n'est pas en général, du reste, le
verre exactement correcteur d'une anomalie que l'on doit
prescrire, il y a là certaines règles à suivre sur lesquelles
nous n'avons pas à insister ici.

Deuxième cas. — *Il n'a pas été fait d'instillation préalable d'atropine* [1].— Après avoir déterminé l'acuité visuelle
à l'œil nu de l'œil dont on veut mesurer le degré d'amétropie, on placera devant cet œil, à 13^{mm} en avant de la
cornée, un verre positif faible, et on cherchera de nouveau
la valeur de l'acuité ; si elle est augmentée, ou même si
elle n'a pas diminué, on pourra être certain que l'œil examiné est hypermétrope. Il faudra, s'il en est ainsi, faire passer devant cet œil la série des verres sphériques positifs de la
boîte ou de l'un des optomètres, d'après l'ordre croissant

---

[1] Un des deux élèves qui font ensemble cette manipulation examinera
l'un des yeux de l'autre en opérant comme nous allons l'indiquer ; il
déterminera en dioptries le degré d'amétropie de cet œil ou la distance
R du punctum remotum à cet œil ; puis il placera devant cet œil un des
verres a, b, c ... fixé dans une monture de lunettes et recommencera la
détermination. Il trouvera dans ces conditions une nouvelle distance R'
pour le remotum, distance dont il devra retrancher la précédente. Il
obtiendra ainsi sensiblement le numéro en dioptries du verre a, b, c.... et
l'on pourra contrôler ses résultats. Il faudra seulement, pour retrancher
l'une de l'autre les deux distances R, R', avoir soin de considérer ces distances comme affectées du signe $+$ ou du signe $-$ selon qu'elles doivent
être comptées en avant ou en arrière de l'œil.

de leurs numéros, et chercher le premier de ces verres qui produit une diminution de l'acuité. Le numéro du verre immédiatement inférieur donne le degré d'hypermétropie de l'œil examiné, dans le cas où le sujet a pu relâcher complètement son accommodation ; mais il n'en est généralement pas ainsi, et le numéro trouvé est presque toujours trop faible. Si les verres positifs les plus faibles de la boîte ou des optomètres placés devant l'œil diminuent son acuité visuelle et que les verres négatifs faibles ne l'améliorent point, l'œil examiné pourra être emmétrope ou légèrement hypermétrope ; il pourra être myope, emmétrope ou hypermétrope à un degré peu élevé, si les verres positifs faibles diminuent son acuité visuelle, tandis que les verres négatifs l'augmentent. On fera alors passer successivement devant l'œil la série des verres négatifs en commençant par les plus faibles et par ordre, et l'on déterminera chaque fois la valeur de l'acuité, qui s'élèvera d'abord pour rester stationnaire ensuite et diminuer enfin si l'on emploie des verres notablement trop forts. Le plus faible des verres qui rend l'acuité maxima fera connaître le degré de la myopie de l'œil examiné. Cette myopie pourra n'être qu'apparente si le numéro du verre ainsi trouvé est peu élevé ; si ce numéro est fort, l'œil observé sera certainement myope, mais le degré trouvé pour sa myopie pourra être supérieur à celui qui existe en réalité.

Remarque. — La méthode de Donders donne, lorsque l'accommodation n'a pas été paralysée par des instillations d'atropine, des résultats rarement exacts et toujours incertains. La détermination du punctum proximum permettra cependant de contrôler jusqu'à un certain point les indications fournies par ce procédé dans le cas qui nous occupe. La méthode de Donders présente d'ailleurs le grand avantage, quand elle est appliquée à la mesure du degré d'amétropie d'un œil non atropinisé, de déterminer le verre correcteur dans les conditions mêmes où il en sera fait usage.

(*b*). MÉTHODE OPTOMÉTRIQUE [1]. — On pourra employer
cette méthode sans avoir paralysé l'accommodation du
sujet à examiner ou après lui avoir fait des instillations
d'atropine. Les résultats obtenus seront plus exacts dans
le second cas que dans le premier. Le manuel opératoire
est le même dans les deux cas [2].

1° *Optomètre de Perrin et Mascart.* — Cet optomètre
(fig. 17) consiste essentiellement en un tube de cuivre

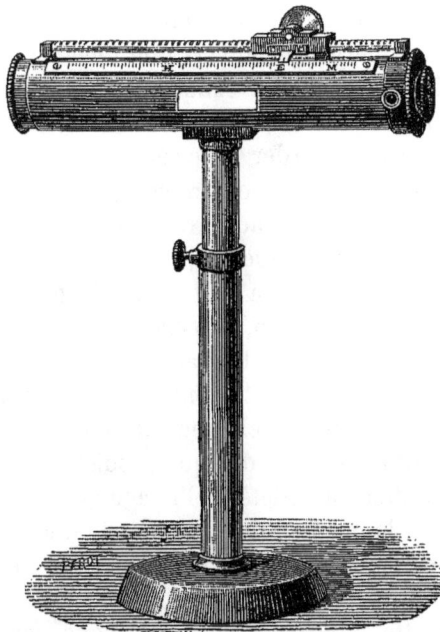

Fig. 17.

pourvu à l'une de ses extrémités d'un dessin transparent
constitué par de fins caractères d'imprimerie ou de petits
groupes de cercles, à l'autre, d'une lentille convergente

[1] On fera par cette méthode et avec les différents optomètres la série
de déterminations qui se trouvent indiquées dans la note précédente.
[2] Les déterminations sur des yeux atropinisés se feront à la clinique
ophtalmologique.

servant d'oculaire ; dans l'intérieur du tube se trouve une lentille divergente convenablement choisie, qui, grâce à un pignon situé extérieurement, peut se déplacer depuis le dessin transparent jusqu'à l'oculaire. Un double index accompagne la lentille concave dans ses mouvements ; il glisse devant deux graduations tracées suivant deux géné-ratrices du tube et qui permettent d'évaluer, l'une en dioptries, l'autre en pouces, l'état de réfraction de l'œil observé.

Pour se servir de cet instrument, on commence par le diriger vers une lampe ou vers une fenêtre bien éclairée ; puis on invite le sujet à examiner à placer l'un de ses yeux derrière l'oculaire, à 13^{mm} environ de l'œilleton dont il est muni et à regarder avec cet œil dans l'axe du tube, tout en laissant l'autre œil ouvert ; il pourra placer sa main en guise d'écran au-devant de l'œil libre, mais ne devra exercer sur lui aucune pression. On doit alors rap-procher de l'oculaire la lentille que l'on avait d'abord amenée contre le dessin, et cela jusqu'à ce que le sujet distingue très nettement les caractères ou les signes de ce dessin. On tourne ensuite lentement le bouton en sens inverse, de manière à éloigner la lentille divergente de l'oculaire, et on s'arrête dès que le sujet accuse une légère diminution dans la netteté de l'image qu'il perçoit. Il suffit de lire alors la position de l'index sur l'une ou l'autre des graduations pour connaître, en dioptries ou en pouces, le numéro du verre correcteur de l'anomalie dont l'œil exa-miné est atteint, et pour être renseigné par suite sur le degré de cette anomalie. La portion M des deux échelles, qui est la plus rapprochée de l'oculaire, correspond aux divers degrés de myopie, la plus éloignée H se rapporte à l'hypermétropie. Il est bon de faire pour chaque œil la même détermination à plusieurs reprises, jusqu'à ce que l'on obtienne constamment le même résultat.

2° *Optomètre de Badal.*— L'optomètre de Badal (fig. 18)

est constitué par deux tubes de diamètres inégaux, qui portent l'un une lentille positive de 16 dioptries, l'autre une plaque de verre dépoli, sur laquelle on a photogra-

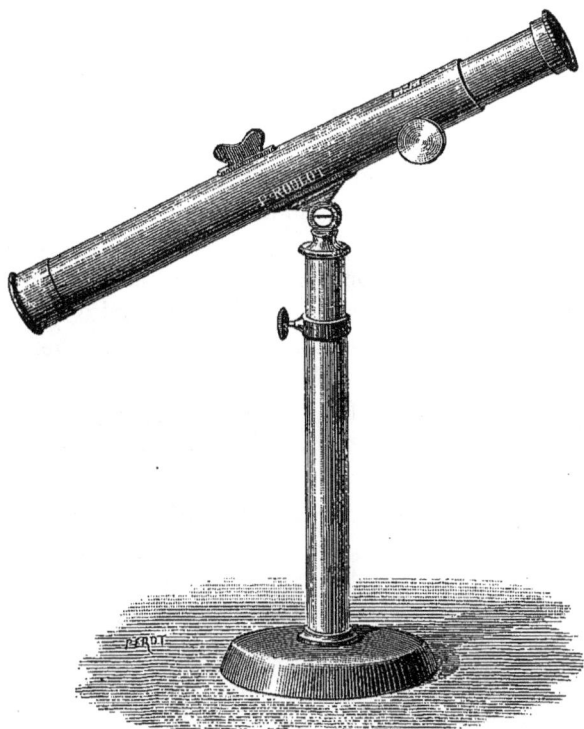

Fig. 18.

phié les caractères d'une échelle typographique. La lentille est fixée dans le premier tube à une distance de son extré-mité antérieure, qui est munie d'un œilleton, précisément égale à sa distance focale principale. Le second tube porte à son extrémité antérieure la plaque de verre dépoli ; on peut le faire glisser dans le premier au moyen d'une cré-maillère et d'un bouton extérieur ; il présente, suivant l'une de ses génératrices, une graduation qui se déplace devant un point de repère gravé sur le tube fixe, et qui fait connaître, par une simple lecture, la distance en dioptries de l'image de l'échelle au foyer antérieur de la lentille et par suite à l'œilleton.

Pour se servir de l'optomètre de Badal, on le dirige vers une surface bien éclairée ; puis on invite le sujet à regarder dans l'axe du tube, en prenant les précautions que nous avons déjà indiquées dans le cas précédent. L'œil doit, comme tout à l'heure, être placé à 13^{mm} environ de l'œilleton, de façon que son foyer principal antérieur coïncide, à peu près du moins, avec le foyer antérieur de la lentille qui a été pris pour l'origine des distances marquées sur la graduation. On enfonce alors le tube mobile, qui avait été préalablement amené à l'extrémité de sa course, jusqu'à ce que le sujet distingue le plus nettement possible les plus petits caractères d'imprimerie ou les plus petits signes (suivant qu'il sait lire ou non) que son acuité visuelle lui permet de reconnaître. On engage le sujet à fixer son attention sur ces caractères ou ces signes, ou sur ceux de la ligne immédiatement supérieure ; puis on tourne lentement le bouton extérieur, de manière à éloigner l'échelle de la lentille, et l'on s'arrête dès que le sujet commence à ne plus distinguer avec netteté les caractères ou les signes qu'il percevait nettement tout à l'heure. Il suffit de regarder, lorsqu'il en est ainsi, le numéro de la graduation qui se trouve en face de l'index du tube fixe, pour connaître en dioptries, si la détermination est exacte, le degré d'amétropie de l'œil examiné. La partie antérieure de la graduation correspond aux différents degrés d'hyper-métropie, la partie postérieure se rapporte à la myopie. Il est bon de répéter plusieurs fois la même manœuvre et de ne se tenir pour satisfait que lorsque l'on réussit à obtenir à plusieurs reprises le même résultat.

3° *Optomètre de Bull.* — A l'extrémité d'une règle est fixé un écran percé d'un trou ; cet écran porte 3 lentilles (deux positives de + 5 et + 10 dioptries, une négative de

— 10^d), qui peuvent venir se placer successivement devant l'ouverture qu'il présente. Sur la règle sont dessinés des dominos ayant chacun un nombre de points 12, 11.... 2 égal à sa distance en dioptries à l'écran. On fait placer l'œil dont on veut déterminer l'état de réfraction à 13^{mm} environ en arrière de l'ouverture pratiquée dans l'écran, et, l'autre œil étant ouvert, mais exclu de la vision comme nous l'avons déjà enseigné, on invite le sujet à indiquer quel est le domino le plus éloigné de son œil dont il peut encore compter les points. Si le nombre de points de ce domino est supérieur à 2, le sujet examiné sera myope, et le degré de sa myopie sera précisément donné par le numéro du dernier domino dont il peut distinguer les points. Si le sujet ne peut compter les points d'aucun domino, mais qu'il puisse lire des chiffres inscrits sur la règle entre le premier domino (n° 12) et l'écran, cela signifiera que le degré de sa myopie est supérieur à 12 dioptries ; on placera alors devant son œil la lentille négative de — 10^d, et on l'engagera à compter les points du domino le plus éloigné de son œil qu'il distingue encore nettement ; on aura le degré de sa myopie en ajoutant 10 à ce nombre de points. Enfin, si le sujet examiné peut compter à l'œil nu les points du dernier domino (n° 2), ou encore s'il ne peut reconnaître à l'œil nu aucun des chiffres ni des dominos de la règle, on amène devant son œil la lentille de + 5^d ou, si elle n'est pas suffisante pour qu'il ne puisse plus voir nettement les points du dernier domino, la lentille de + 10^d ; et on l'invite alors comme précédemment à indiquer quel est le domino le plus éloigné de son œil dont il peut encore compter les points. Le degré de son amétropie s'obtiendra, dans ce cas, en retranchant du nombre de points de ce domino le numéro du verre placé devant l'ouverture de l'écran. L'œil considéré sera du reste hypermétrope ou myope selon que le nombre ainsi obtenu sera négatif ou positif.

Remarques.— Si, lors d'une détermination, le sujet appliquait son œil tout contre l'œilleton de l'optomètre de Badal ou de celui de Perrin et Mascart, ou encore s'il le plaçait tout près de l'ouverture pratiquée dans l'écran de l'optomètre de Bull, le degré d'amétropie trouvé pourrait, surtout s'il était élevé, être plus fort ou plus faible que celui que l'on obtiendrait par la méthode de Donders; il serait plus fort dans le cas de l'hypermétropie, plus faible dans celui de la myopie. Le nombre obtenu dans ces nouvelles conditions ferait en effet connaître la distance en dioptries du remotum à l'œil (approximativement à la cornée) et non à son foyer principal antérieur; il faudrait donc, pour avoir exactement la distance du remotum à ce foyer, retrancher $0^m,013$ de la distance trouvée, cette distance étant exprimée en mètres et affectée de son signe, c'est-à-dire considérée comme positive lorsqu'elle est comptée en avant de l'œil, comme négative lorsqu'elle est comptée en arrière. Il faut remarquer toutefois que cette correction n'aurait d'importance pratique que dans le cas où le degré d'amétropie de l'œil observé serait assez élevé.

Lorsque l'accommodation n'a pas été préalablement paralysée, les optomètres (surtout ceux de Perrin et Mascart et de Badal) permettent parfois d'obtenir le degré d'amétropie avec plus d'exactitude que le procédé de Donders.

(c). Procédé basé sur l'aberration chromatique de l'œil[1]. — On place à 5 mèt. de l'œil observé un diaphragme percé d'une petite ouverture derrière laquelle on a disposé une source lumineuse, lampe ou bougie. On interpose entre cette ouverture et l'œil, à une certaine distance de ce dernier, un verre bleu de cobalt qui ne laisse guère passer que les rayons rouges extrêmes, les rayons indigo et les rayons violets. (L'œil qui n'est pas soumis à l'examen doit être exclu de la vision en prenant les pré-

---

[1] Nous avons signalé ici ce procédé, qui est peu employé dans la pratique, afin surtout de faire bien constater aux élèves le défaut d'achromatisme de l'œil.

cautions signalées plus haut.) Si l'accommodation du sujet est paralysée par l'atropine ou complètement relâchée, on peut reconnaître la nature de son amétropie d'après la couleur des bords de l'image qu'il perçoit en regardant l'ouverture pratiquée dans l'écran. L'œil est myope s'il voit une image rouge bordée de bleu ; il est hypermétrope si l'image est bleue au centre et rouge sur ses bords. On fait alors passer devant l'œil, d'après l'ordre croissant de leurs numéros, et en opérant comme nous l'avons déjà indiqué à propos du procédé de Donders, les différents verres de la série négative s'il est myope, positive s'il est hypermétrope. Le numéro du verre qui donne à l'image une couleur violette uniforme fait connaître le degré d'amétropie de l'œil observé ; un numéro plus fort ferait voir l'image bordée de rouge ou de bleu, selon qu'on la voyait à l'œil nu bordée de bleu ou bordée de rouge.

Remarque. — Dans le cas où il n'a pas été fait dans l'œil du sujet des instillations préalables d'atropine, ce procédé donne lieu aux mêmes erreurs et aux mêmes incertitudes que celui de Donders appliqué dans les mêmes conditions.

3° DÉTERMINATION DU PUNCTUM PROXIMUM. — (a). PROCÉDÉ DE LA BOITE DE VERRES. — On fait placer la personne dont on veut déterminer le proximum, le dos tourné au jour, à 5 mèt. de distance d'une échelle d'acuité convenablement éclairée; puis, l'un des yeux étant masqué par un écran, on place devant l'autre un verre négatif faible, à 13^{mm} environ en avant de la cornée. Si l'acuité est augmentée par l'addition de ce verre ou si seulement elle n'est pas diminuée, on fait passer successivement devant l'œil du sujet la série des verres sphériques négatifs de la boîte de verres ou de l'un des optomètres (disque de Javal ou de Perrin), et l'on cherche la plus forte lentille négative avec laquelle le sujet puisse encore voir nettement les caractères de l'échelle. Il se peut, surtout lorsque les numéros des verres négatifs

essayés sont assez forts, que certains caractères de l'échelle
ne soient plus reconnus par le sujet à cause des faibles
dimensions de leurs images rétiniennes, alors que des
caractères plus grands sont cependant perçus avec netteté.
On devra, dans ce cas, attirer l'attention du sujet sur les
contours de ces derniers caractères et augmenter le numéro
du verre placé devant son œil jusqu'à ce que ces contours
ne lui paraissent plus nets. Il sera, dans ces conditions,
souvent difficile, si l'on a affaire à un individu peu intelli-
gent, d'obtenir de lui des réponses bien précises. Quoi
qu'il en soit, lorsqu'on aura pu déterminer le numéro de la
plus forte lentille négative avec laquelle la vision reste
nette, on connaîtra en dioptries la distance du punctum
proximum au foyer antérieur de l'œil examiné, distance qui
doit être affectée du signe +. Mais il peut arriver, si le sujet
est fortement hypermétrope ou fortement presbyte, qu'il
ne distingue pas nettement à l'œil nu les caractères de
l'échelle placée à 5 mèt., alors même qu'il mette en jeu
toute son accommodation. Dans ce cas, les verres négatifs
les plus faibles diminuent l'acuité au lieu de l'améliorer ou
de lui laisser sa valeur première ; il faut faire passer
devant l'œil la série des verres positifs d'après l'ordre
croissant de leurs numéros, et le plus faible de ces verres
qui rétablit la vision nette à 5 mèt. fait connaître, par son
numéro, la distance en dioptries du punctum proximum au
foyer antérieur de l'œil. cette distance devant être affectée
du signe —, c'est-à-dire comptée en arrière de l'œil.

Remarque. — La distance du proximum déterminée
comme nous venons de l'indiquer est toujours supérieure
de $0^d,2$ à sa valeur réelle, parce que l'échelle typographique
est placée à 5 mèt. de l'œil et non à l'infini. On devrait
donc ajouter + $0^d,2$ au nombre ainsi trouvé affecté de son
signe. Il faut remarquer cependant que cette correction n'a
guère d'importance au point de vue pratique à cause du
peu d'exactitude que présentent, en général, les résultats
obtenus par la méthode de la boîte de verres ; c'est du

reste ce que l'on vérifiera en comparant ces résultats à ceux fournis, pour un même œil, par l'un des procédés suivants.

(*b*). PROCÉDÉ DE L'OPTOMÈTRE. — On emploiera successivement les trois optomètres qui ont déjà servi pour la détermination du remotum, et on se guidera pour le maniement de ces instruments sur les indications déjà données à propos de cette détermination.

1° *Optomètre de Perrin et Mascart.* — Les choses étant disposées comme pour la détermination du remotum, on rapproche de l'oculaire la lentille que l'on avait d'abord amenée contre le dessin. Lorsque le sujet commence à distinguer nettement les caractères ou les signes de ce dessin, on l'avertit que l'objet qu'il regarde va se rapprocher de son œil ; il sera ainsi plus facilement amené à faire intervenir son accommodation. On continue alors à rapprocher la lentille de l'oculaire en tournant assez lentement le bouton qui la fait mouvoir ; dans ces conditions, le sujet ne peut continuer à lire les caractères ou à indiquer la forme des signes représentés sur le dessin, qu'en faisant à chaque instant un plus grand effort d'accommodation. On cesse de faire avancer la lentille dès que la vision devient un peu confuse, et on note à ce moment la position occupée par l'index sur la graduation en dioptries, par exemple. Le nombre lu fait connaître en dioptries la distance du punctum proximum à l'œil examiné; cette distance devra être affectée du signe + ou du signe —, c'est-à-dire devra être comptée en avant ou en arrière de l'œil, suivant que la division devant laquelle s'est arrêté l'index se trouve sur la partie de la graduation qui correspond à la myopie ou à l'hypermétropie. Il sera bon de répéter la même mesure jusqu'à ce que l'on obtienne constamment le même nombre; il faudra seulement avoir soin de laisser reposer l'œil entre deux déterminations consécutives, en le faisant regarder au loin.

2° *Optomètre de Badal.* — Le manuel opératoire est

sensiblement le même que dans le cas précédent, c'est-à-dire que, tout étant disposé comme pour la mesure du remotum, on enfonce progressivement le tube mobile après avoir prévenu le sujet que l'objet qu'il regarde se rapproche de son œil. L'acuité visuelle atteint d'abord son maximum, puis conserve cette valeur grâce aux efforts d'accommodation du sujet; on cesse d'enfoncer le tube dès que cette acuité commence à diminuer, c'est-à-dire dès que le sujet cesse de pouvoir lire les caractères ou de pouvoir indiquer la forme des signes qu'il distinguait nettement tout à l'heure. Le numéro qui se trouve alors en face de l'index porté par le tube fixe représente en dioptries la distance du proximum à l'œil; cette distance doit être affectée du signe + ou du signe —, suivant que la division vis-à-vis de laquelle s'est arrêté l'index se trouve sur la partie de la graduation qui correspond à la myopie ou à l'hypermétropie. Il sera bon de répéter à plusieurs reprises la même mesure, en prenant pour cela les précautions indiquées ci-dessus.

3° *Optomètre de Bull.* — On opérera comme pour la détermination du remotum; l'œil étant placé à 13^{mm} environ de l'écran par l'ouverture duquel il regarde, on invitera le sujet à compter le nombre de points du domino le plus rapproché de son œil qu'il peut encore distinguer nettement. Ce nombre de points fera connaître la distance en dioptries du punctum proximum à l'œil, distance qui, dans le cas actuel, sera positive. Si le sujet voit nettement le domino n° 12, ou même s'i ne voit nettement que certains des chiffres inscrits sur la règle, entre ce numéro et l'écran, on devra recommencer la détermination après avoir placé devant son œil la lentille de — 10 dioptries; mais il faudra alors, pour avoir la distance en dioptries du punctum proximum à l'œil, ajouter + 10 dioptries au numéro du domino le plus rapproché dont il peut compter les points. Si au contraire le sujet ne peut voir nettement aucun des chiffres ni des dominos de la règle, on amènera devant son œil la lentille de $+$ 5 ou de $+$ 10 dioptries si c'est nécessaire, et on l'engagera à compter les points du domino le plus rapproché de son œil qu'il voit encore distinctement. Il suffira de retrancher 5 ou 10 dioptries, suivant la lentille employée, du nombre de points de ce domino, pour avoir dans ce cas la distance du punctum proximum à l'œil, cette distance étant exprimée en dioptries et affectée de son signe.

Remarque. — Si, lors de la détermination du punctum proximum par la méthode optométrique, on plaçait l'œil tout contre l'œilleton de l'optomètre de Perrin et Mascart ou de celui de Badal, ou aussi près que possible de l'ouverture pratiquée dans le diaphragme de l'optomètre de Bull, la valeur trouvée pour la distance du proximum représenterait sensiblement la distance de ce point à la cornée et non au foyer principal antérieur de l'œil. Il faudrait donc, dans ces conditions, pour rendre les résultats fournis par les optomètres rigoureusement comparables à ceux que l'on obtient à l'aide de la boîte de verres, retrancher $0^m,013$ des valeurs trouvées par le premier de ces procédés, ces valeurs étant exprimées en mètres et affectées de leur signe.

(c). PROCÉDÉ CLINIQUE. — On se sert pour appliquer ce procédé d'un petit cadre métallique rectangulaire porté par une poignée et sur lequel sont tendus, parallèlement à l'un des côtés, quelques fils noirs de grosseur moyenne. On place le sujet, le dos tourné au jour, en face d'une feuille de papier ou d'un écran blanc convenablement éclairé ; puis, tandis qu'il couvre d'une main l'un de ses yeux, on l'invite à regarder avec l'autre les fils noirs tendus sur le cadre que l'on déplace entre l'écran et l'œil à examiner. Quand le cadre se trouve entre le proximum et le remotum du sujet, les fils noirs se détachent pour lui très nettement sur le fond blanc de l'écran ; lorsque, au contraire, le cadre est en deçà de son proximum, les fils lui paraissent confus, plus épais, moins noirs. On amène successivement le cadre dans ces deux positions, afin de bien faire saisir au sujet la différence d'aspect des fils dans les deux cas. Cela fait, on éloigne le cadre, et on le met à une distance de l'œil telle que les fils noirs soient vus nettement; puis on approche lentement le cadre de l'œil, et l'on s'arrête dès que le sujet accuse la moindre confusion dans les images qu'il perçoit. On mesure alors avec un ruban métrique la distance du cadre au foyer principal antérieur de l'œil, qui se trouve sensiblement à 13^{mm} en avant de la cornée ; cette distance est précisément celle du punctum proximum ; elle est ainsi évaluée en centimètres ou en mètres, et on peut facilement l'exprimer en dioptries d'après la règle exposée dans une manipulation précédente, pag. 82.

Remarque. — Ce procédé donne des résultats assez exacts lorsque l'acuité visuelle de l'œil examiné n'est pas trop faible ou que la distance du proximum à l'œil n'est pas trop grande ; il faut remarquer cependant que l'évaluation de la distance de l'œil au cadre à l'aide d'un ruban métrique n'est guère susceptible d'une grande précision.

4° POUVOIR ACCOMMODATIF. — Après avoir déterminé pour un même œil la distance en dioptries du punctum remotum R et du punctum proximum P à son foyer principal antérieur, on calculera le pouvoir accommodatif A de cet œil d'après la formule :

$$A = P - R.$$

Il faudra avoir soin seulement de prendre P et R avec le signe qui leur convient, c'est-à-dire de les considérer comme positifs ou comme négatifs, suivant qu'ils devront être comptés en avant ou en arrière de l'œil. On devra vérifier si la valeur ainsi trouvée pour A concorde bien avec celle qui est donnée par la formule :

$$A = 16 - 0{,}3\, x + 0{,}001\, x^2$$

dans laquelle x représente l'âge exprimé en années du sujet soumis à l'examen.

Remarque. — Cette vérification sera très-utile lorsque la détermination du remotum aura été faite sans instillations préalables d'atropine, puisqu'elle permettra de contrôler, approximativement du moins, l'exactitude du résultat obtenu.

SEPTIÈME MANIPULATION.

1° ASTIGMATISME. — SA NOTATION. — Nous ne nous occuperons ici que de la mesure de l'astigmatisme régulier, et nous rappellerons seulement qu'un œil astigmate se comporte au point de vue de l'action qu'il exerce sur la marche des rayons lumineux qui tombent sur lui, comme un milieu réfringent qui aurait la forme d'un ellipsoïde à trois axes inégaux. Dans le cas d'un faisceau de rayons incidents parallèles à l'axe antéro-postérieur, la forme du faisceau réfracté est alors celle que nous avons étudiée à propos des lentilles sphéro-cylindriques (pag. 69).

Parmi tous les méridiens dont le plan passe par l'axe antéro-postérieur d'un œil astigmate, il en est un qui présente une réfringence minima et un autre une réfringence maxima. Ces deux *méridiens principaux* sont, en général, sensiblement perpendiculaires entre eux, et le degré d'astigmatisme d'un œil est égal à la différence des degrés d'amétropie de ces méridiens, c'est-à-dire à la différence des distances R, R' du remotum de chacun de ces méridiens à l'œil, ces distances étant évaluées en dioptries et affectées du signe $+$ ou du signe $-$, suivant qu'elles sont comptées en avant ou en arrière de l'œil :

$$A s = R - R'.$$

Nous rappellerons encore que l'astigmatisme est le plus

8

souvent dû à une asymétrie de courbure de la cornée, et
que, si le degré de l'astigmatisme cornéen diffère généralement peu de celui de l'astigmatisme total, il n'en est
cependant pas toujours ainsi ; les méridiens principaux de
l'astigmatisme total peuvent aussi ne pas coïncider avec
les méridiens principaux de la cornée (méridiens de courbure maxima et de courbure minima).

Avant d'étudier les divers procédés que l'on devra
employer ici pour mesurer l'astigmatisme, il est bon de
donner quelques indications sur la façon dont il faudra
noter cet astigmatisme, une fois qu'on l'aura déterminé.
Pour noter l'astigmatisme, il faut faire connaître son degré
et la direction du méridien le plus réfringent de l'œil. On
est convenu de définir la direction de ce méridien par la
valeur de l'angle qu'il fait avec une ligne verticale, le 0
étant à la partie supérieure de cette ligne et l'angle étant
compté à droite de l'œil examiné. Supposons, par exemple, que l'œil soit placé en face d'un cadran horaire et
que son méridien le plus réfringent soit dirigé suivant le
diamètre qui va de i à vii, on dira que ce méridien fait un
angle de 30° avec la verticale ; s'il est dirigé au contraire
suivant le diamètre v-xi, on dira qu'il fait un angle de 150°
avec la verticale. Dans ces conditions, l'évaluation de
l'angle se fait donc dans le sens direct, c'est-à-dire dans le
sens du mouvement des aiguilles d'une montre ; cette éva·
luation se ferait évidemment en sens inverse pour un
observateur qui, placé en face de l'œil, voudrait mesurer
l'angle que le méridien en question fait avec la verticale.
Pour les lunettes d'essai, les conventions relatives à leur
graduation sont un peu différentes : La ligne 0·180 est non
plus verticale mais horizontale ; elles doivent être graduées
dans le sens direct par rapport à celui qui les porte, dans
le sens inverse par rapport à celui qui les regarde ; le 0
doit étre à la droite de celui qui les porte si la graduation
est sur le demi-cercle inférieur, à sa gauche si elle est sur
le demi-cercle supérieur. On sait que l'astigmatisme peut

se corriger à l'aide d'un verre cylindrique concave dont l'axe est perpendiculaire à la direction du méridien le plus réfringent de l'œil ; grâce à la disposition que nous venons d'indiquer, il suffira, pour orienter convenablement le verre correcteur cylindrique concave, de le placer de telle sorte que son axe marque sur le limbe de la lunette précisément le nombre de degrés qui représente l'angle que le méridien le plus réfringent de l'œil fait avec la verticale. Les notations angulaires des lunettes concordent donc avec les notations angulaires ophtalmométriques ; mais il n'en est ainsi que dans le cas des verres cylindriques concaves. Si l'on employait un verre cylindrique convexe[1], il faudrait placer son axe à 90° du précédent ; il faudrait par suite, pour connaître la direction à donner à l'axe dans la lunette d'essai, ajouter 90° au nombre de degrés trouvé pour la valeur de l'angle que fait avec la verticale le méridien de courbure maxima si ce nombre était inférieur à 90°, en retrancher au contraire 90° s'il était supérieur. Grâce à ces conventions, il n'y a plus de confusion possible. Pour noter l'astigmatisme, il suffit d'écrire d'abord la lettre D (*Dexter*) ou S (*Sinister*) pour désigner l'œil observé (droit ou gauche); on met à la suite la valeur de l'angle que le méridien le plus réfringent fait avec la verticale, cet angle étant mesuré comme nous l'avons indiqué, et enfin le degré de l'astigmatisme, que l'on fait précéder du signe $\pm$ (d'après les recommandations de Javal) lorsqu'il s'agit seulement de l'astigmatisme cornéen; car la valeur obtenue par la mesure ophtalmométrique de cet astigmatisme ne permet en rien de préjuger la réfraction totale de l'œil. C'est ainsi que D. 15° $\pm$ 2 indique un astigmatisme cornéen de l'œil droit égal à 2 dioptries, avec méridien de courbure maxima à 15° de la verticale en haut et à droite du malade. Si l'on veut corriger cet astigmatisme par un verre cylindrique concave de — 2^d, on devra faire passer son axe

---

[1] L'emploi de ces verres est de plus en plus abandonné.

par la division 15° de la graduation de la lunette d'essai ;
si on emploie un verre convexe de $+ 2^d$, on fera passer
son axe par la division 105. Si l'on a mesuré non seulement
l'astigmatisme , mais encore l'amétropie du sujet après
correction de son astigmatisme, on devra indiquer, à la
suite de l'angle, les numéros en dioptries du verre cylindrique exactement correcteur de l'astigmatisme et du verre
sphérique exactement correcteur de l'amétropie. Ainsi
D. 30° — 2 — 1 signifie que l'œil droit, auquel se rapporte
cette notation, est astigmate de 2 dioptries avec méridien
de courbure maxima à 30° de la verticale, et que, si l'on
corrige cet astigmatisme par un cylindre concave de 2
dioptries, l'œil sera myope de 1 dioptrie ; il faudra placer
devant lui un verre de — 1 dioptrie pour le rendre emmétrope. C'est d'après les mêmes principes que l'on doit
formuler les prescriptions de verres pour les opticiens ; il
faut seulement ne pas oublier de tenir compte pour ces
prescriptions de ce que nous avons déjà dit relativement à
la direction à donner à l'axe du verre, suivant qu'il est
concave ou convexe.

Remarque. — Certains appareils destinés à la mesure
de l'astigmatisme et bon nombre de lunettes d'essai, entre
autres celle figurée pag. 93, ne sont pas gradués d'après
les conventions que nous venons d'indiquer ; il faut autant
que possible rejeter leur emploi. Si toutefois on les utilisait,
on devrait avoir soin de transformer leurs indications en
celles qu'ils donneraient s'ils étaient convenablement gradués. C'est là une opération qui est toujours très simple et
qui n'exige qu'un peu de réflexion de la part de celui qui
veut l'effectuer.

2° MESURE DE L'ASTIGMATISME CORNÉEN [1]. — (*a*) KÉRA-
TOSCOPE DE WECKER ET MASSELON. — Ce petit appareil est

---

[1] On s'exercera d'abord à ces mesures sur des yeux artificiels dans
l'une des salles des Travaux pratiques ; on les effectuera plus tard sur
des astigmates à la clinique ophtalmologique.

constitué par un disque noir qui porte sur sa face antérieure quatre bandes de carton blanc disposées de façon à former les quatre côtés d'un carré. Deux de ces côtés sont mobiles, et il suffit de tourner un bouton placé à la partie inférieure du disque pour les rapprocher l'un de l'autre de quantités variables au gré de l'opérateur et transformer ainsi le carré en un rectangle plus ou moins aplati. Une aiguille, qui se déplace devant une graduation tracée sur la face postérieure du disque, suit le mouvement des bandes. Le disque lui-même est percé en son centre d'une ouverture dans laquelle est enchâssée une petite lunette ; enfin il est fixé sur une espèce de manche que l'on doit tenir à la main; mais il peut tourner autour d'un axe passant par son centre et perpendiculaire à son plan. Pendant ses mouvements de rotation, un index qui se trouve sur sa face postérieure se déplace sur un cercle gradué et indique à chaque instant, si le manche est tenu bien vertical, l'angle que font avec l'horizontale les côtés mobiles du carré.

Pour se servir de cet instrument, on commencera par faire asseoir la personne que l'on veut examiner près de l'embrasure d'une fenêtre bien éclairée par la lumière du ciel, le dos tourné au jour ; puis, après avoir vérifié que ses deux pupilles sont bien sur une même ligne horizontale, on invitera le sujet à cacher l'un de ses yeux avec sa main et à regarder avec l'autre directement devant lui. On s'assiéra alors en face du sujet, tenant le kératoscope à 15 cent. environ de l'œil observé ; on devra avoir soin de diriger le manche bien verticalement et de placer le plan de l'instrument bien perpendiculairement à la ligne visuelle de l'œil soumis à l'examen ; cet œil doit fixer la lunette qui se trouve au centre du disque. Regardant alors à travers cette lunette, l'observateur verra par réflexion dans la cornée l'image du carré, image qui sera, soit un carré, soit un parallélogramme, soit un rectangle. Si l'image perçue est carrée et reste telle, quelle que soit la position que l'on donne

au disque en le faisant tourner autour de son axe, cela
signifiera que l'œil examiné est normal. Si l'œil est astigmate, au contraire, l'image aura la forme d'un parallélogramme ou d'un rectangle[1] suivant l'orientation donnée au
disque ; elle aura la forme d'un rectangle lorsque les côtés
du carré seront parallèles aux méridiens principaux de la
cornée. On fera tourner le disque jusqu'à ce que ce parallélisme soit réalisé et que de plus les côtés mobiles paraissent plus écartés que les côtés fixes. Ces derniers seront
alors parallèles au méridien de courbure minima, tandis
que les premiers seront parallèles à celui de courbure
maxima ; la position de l'index sur le cercle gradué fera
donc connaître l'angle que le plan du méridien de courbure
maxima fait avec l'horizontale[2]. Le disque étant orienté
comme nous venons de l'indiquer, on rapprochera les côtés
mobiles de façon à transformer le carré formé par les bandes de carton en un rectangle tel que son image par
réflexion soit carrée. La position occupée alors par l'aiguille sur la graduation devant laquelle elle se déplace fera
connaître, par une simple lecture, la valeur en dioptries de
l'astigmatisme de l'œil observé.

Remarque. — Il faut, pour se servir du kératoscope de
Wecker et Masselon, ne pas être astigmate ou avoir son
astigmatisme exactement corrigé. Cet instrument ne conduit
du reste qu'à des résultats médiocrement exacts, alors
même que l'on ait de son maniement une assez grande
habitude.

(*b*). Kératoscope de Hubert et Prouff. — Ce kératoscope n'est autre chose qu'un disque percé en son centre
d'une ouverture circulaire, et sur l'une des faces duquel
sont peints des cercles concentriques, ayant pour centre
commun le centre de l'ouverture. L'un de ces cercles est

---

[1] Dans le cas d'astigmatisme irrégulier, les bords de l'image sont plus
ou moins déchiquetés.
[2] L'appareil n'est pas gradué d'après les conventions précédentes.

divisé en secteurs de couleurs différentes; chaque secteur est à une distance angulaire déterminée de la verticale.

Il faudra prendre, lorsqu'on voudra se servir de cet instrument, les précautions que nous avons déjà signalées à propos de celui de Wecker et Masselon. Le plan du disque étant placé perpendiculairement à la ligne visuelle de l'œil examiné, qui doit fixer le trou central, l'observateur regarde à travers ce trou l'image des cercles fournie par la cornée. Pour peu que le plan du kératoscope soit incliné sur l'axe visuel, l'observateur verra le point noir central de l'image devenir excentrique; il pourra donc se guider sur ce phénomène pour donner au plan du disque la direction qui lui convient. Si, lorsque le disque est convenablement placé, l'image des cercles est circulaire, cela signifiera qu'il n'y a pas d'astigmatisme cornéen. Si, au contraire, l'image est elliptique, c'est que la cornée présente un astigmatisme régulier, corrigible par des verres cylindriques. Le grand axe des ellipses, qui est le plus facile à voir, est dans le plan du méridien de courbure minima. La direction de cet axe est indiquée, à quelques degrés près, par la couleur des secteurs qui correspondent à ses extrémités. Connaissant cette direction, il est facile d'en déduire celle du méridien de courbure maxima, en admettant qu'elle lui soit perpendiculaire. On définit la direction de ce méridien d'après les conventions signalées ci-dessus. Si la cornée de l'œil examiné présentait un astigmatisme irrégulier, l'image kératoscopique serait formée de courbes plus ou moins irrégulières. Nous avons reproduit plus loin (fig. 21, 22, 23) l'aspect des images kératoscopiques données par une cornée normale, une cornée atteinte d'astigmatisme régulier, et enfin une cornée atteinte d'astigmatisme irrégulier. Ces diverses images ont été obtenues avec le disque de Javal et Schiötz; nous reparlerons d'elles à propos de ce disque; mais nous renvoyons au dessin central de chaque figure, pour qu'on puisse se rendre plus facilement compte de la forme de l'image que l'on obtiendrait avec le disque de Hubert et Prouff dans chacun des cas que nous venons d'énumérer. Pour mesurer avec le kératoscope de Hubert et Prouff le degré d'astigmatisme cornéen dans le cas d'astigmatisme régulier, il suffit, les choses étant disposées comme nous venons de l'indiquer pour le diagnostic de cet astigmatisme, de placer successivement, tout près de l'œil examiné, dans une lunette d'essai, les différents verres cylindriques convexes de la boîte, d'après l'ordre croissant de leurs numéros. L'axe de ces verres doit être dirigé parallèlement au grand axe de l'image elliptique fournie par la cornée. Le verre qui rendra cette image circulaire sera le verre correcteur de l'astigmatisme cornéen ; mais, pour corriger cette anomalie dont son numéro fera connaître le degré, le verre correcteur ainsi trouvé devrait être orienté de telle sorte que son axe soit à 90° de sa direction première; c'est-à-dire qu'on devrait diriger son axe parallèlement au petit axe de l'image elliptique. On pourrait également le remplacer par un verre concave de même numéro, mais à axe parallèle au grand axe des ellipses.

Remarque.— Il faut, pour se servir de cet instrument, comme lorsqu'on fait usage du précédent, n'être pas astigmate ou avoir son astigmatisme exactement corrigé par des verres convenables. Ce kératoscope ne donne du reste que des résultats approchés ; il est en effet fort difficile de distinguer une ellipse à axes à peu près égaux d'un cercle, et un astigmatisme d'une dioptrie donne des images dont on ne parvient à reconnaître la forme elliptique qu'avec un peu d'habitude. On verra sur le dessin central de la figure 22, qui correspond pourtant à un œil astigmate de deux dioptries, que la forme elliptique est encore peu accusée.

(*c*). OPHTALMOMÈTRE PRATIQUE DE JAVAL ET SCHIÖTZ. — Cet instrument (fig. 19) se compose d'une lunette montée sur un trépied, qu'on peut déplacer sur une planchette, grâce à une rainure dans laquelle glisse la vis V qui soutient la branche postérieure du pied. La planchette porte un cadre et une mentonnière qui servent à fixer la tête du sujet que l'on veut examiner. Au-dessus du cadre peuvent se visser deux lampes à gaz munies de réflecteurs ; ces lampes sont destinées à l'éclairage artificiel lorsqu'on ne peut disposer de la lumière du jour, ce qui est pourtant préférable. La lunette G O est formée de deux objec-

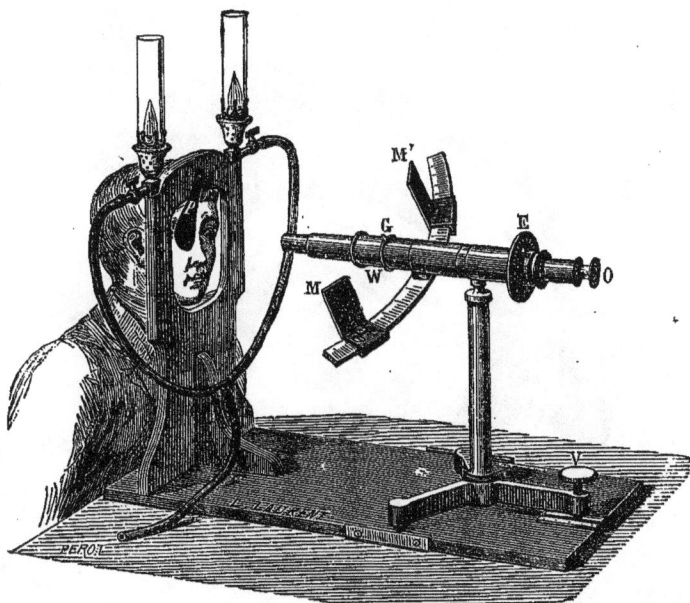

Fig. 19.

tifs de même distance focale, entre lesquels est placé un prisme biréfringent, et d'un oculaire O. Le prisme biréfrin- gent peut s'enlever à volonté : il suffit pour cela de tirer les tubes qui constituent la partie antérieure de la lunette jusques et y compris celui W qui contient le premier objectif ; on peut alors retirer le court tube qui renferme le prisme biréfringent et remettre le reste en place. La lunette porte un arc gradué pouvant tourner autour de l'axe de l'instrument. Une aiguille se déplace en même temps que l'arc et indique, à chaque instant, la direction de ce dernier, par la position qu'elle occupe sur un cercle divisé fixe qui se trouve en E, à la partie antérieure de la lunette. Le long de l'arc gradué, peuvent courir deux mires (M M' fig. 19) en émail blanc, sur fond noir, représentées isolément dans la figure 24. L'une de ces mires a la forme d'un

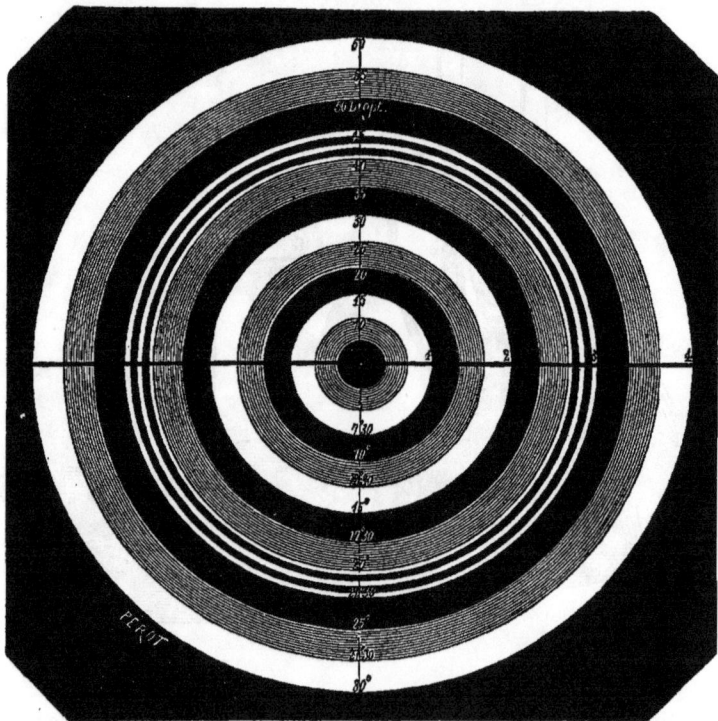

Fig. 20.

rectangle, l'autre d'un triangle rectangle, moitié du rectangle précédent, mais dont l'hypoténuse présente une série de marches en escalier. Le cercle divisé E porte, à l'extrémité supérieure de son diamètre vertical, une encoche en forme de V, par laquelle on peut viser une goupille G fixée sur le tube de la lunette. Enfin, à l'extrémité de la lunette peut s'adapter un disque (fig. 20) sur lequel sont peints des cercles concentriques de couleurs différentes ; des degrés inscrits sur ces cercles permettent de faire regarder le sujet examiné dans tous les azimuts de toutes les quantités angulaires voulues. Ce disque ne doit se placer sur le tube de la lunette que lorsqu'on a enlevé le prisme biréfringent [1].

Pour se servir de l'ophtalmomètre pratique de Javal et Schiötz, on doit l'installer sur une table, près de l'embrasure d'une fenêtre bien éclairée et régler d'abord l'oculaire de la lunette. Il faut, pour ce, regarder à travers la lunette dans la direction de la fenêtre et tirer à soi l'oculaire aussi loin que possible, sans cesser cependant de voir parfaitement nets les fils du réticule qui traversent le champ. Puis on fait asseoir le sujet à examiner, le dos tourné au jour, en face de l'instrument, et on l'invite à placer la tête dans le cadre de la planchette, en appuyant son menton sur la mentonnière et son front contre la partie supérieure du cadre. La mentonnière peut s'abaisser ou s'élever à volonté ; il faut la fixer dans une position telle que les yeux du sujet soient à une hauteur comprise entre deux traits que nous avons fait graver sur le cadre [2]. Les yeux du sujet doivent être sur une même ligne horizontale ; l'œil examiné doit être largement ouvert, et l'on doit placer devant l'autre œil un petit opercule *p* qui se trouve à la partie supérieure du cadre de la planchette. Les choses étant ainsi disposées, on peut procéder, soit à l'examen des

[1] Il existe un nouveau modèle de l'ophtalmomètre de Javal et Schiötz (modèle 1889) plus perfectionné encore que celui que nous venons de décrire. Dans ce nouvel instrument, le disque à cercles concentriques peut, grâce à une disposition spéciale, rester à demeure sur la lunette ; les mires ont une forme différente de celle que nous avons indiquée, et qui permet d'arriver à trouver avec plus d'exactitude la direction des méridiens principaux. Nous nous bornons à signaler cet instrument et quelques-uns de ses plus grands avantages, nous proposant de le décrire plus complètement et d'en faire connaître le manuel opératoire, dès que nous aurons pu nous le procurer pour les Travaux pratiques.

[2] Si on s'exerce au maniement de l'instrument avec des yeux artificiels, c'est à ce niveau qu'on devra fixer ces yeux.

images kératoscopiques fournies par la cornée du patient,
soit à la mesure du degré de son astigmatisme cornéen.
Il est toujours bon de commencer par l'examen des images
kératoscopiques avant d'entreprendre la détermination de
l'astigmatisme, la forme de ces images apprenant immédiatement si la cornée observée présente de l'astigmatisme
et si cet astigmatisme est régulier ou irrégulier.

Pour cela, le sujet étant placé comme nous venons de
l'indiquer, le prisme biréfringent de l'ophtalmomètre ayant
été supprimé et le disque ayant été mis en place, on vise
l'œil observé par l'encoche du cercle divisé E et par une
ouverture pratiquée dans le disque. On déplace la lunette
latéralement ou verticalement, en agissant sur la vis qui
soutient la troisième branche du trépied, jusqu'à ce que
l'œil du patient, la goupille [1] fixée sur le tube et l'encoche
du cercle divisé soient en ligne droite. Cela fait, on regarde
dans la lunette, et, le plus souvent, malgré le réglage auquel
on vient de se livrer, on n'aperçoit pas l'œil ; on imprime
alors à l'instrument de très légers déplacements latéraux,
ou on tourne la vis du pied de petites quantités dans un
sens ou dans l'autre, jusqu'à ce que l'on finisse par distinguer l'image du disque ; on met au point cette image en
avançant ou reculant l'appareil suivant le cas. Pendant ce
mouvement en avant ou en arrière, l'image se déplace dans
le champ de la lunette vers le bas ou vers le haut; elle peut
aussi se déplacer latéralement. Il faut donc faire tourner
la vis du pied et faire glisser, s'il y a lieu, le trépied dans
un sens ou dans l'autre de façon que l'image du disque
soit bien au milieu du champ. On invite ensuite le sujet
à regarder le centre du tube qui termine la lunette, et de
la forme de l'image perçue on peut, si l'on n'est pas
astigmate, ou si l'on a son astigmatisme exactement corrigé, déduire l'état de la cornée de l'œil soumis à l'examen.

[1] Il faut pour cela que la goupille se trouve à la partie supérieure du
tube ; il en est ainsi lorsque l'arc gradué est horizontal ou que l'aiguille
qui se meut devant le cercle divisé se trouve en face de la division 90.

Si l'image est circulaire, la cornée qui la fournit est normale; si l'image est elliptique, la cornée présente un astigmatisme régulier et le méridien de courbure minima est dirigé suivant le grand axe de l'ellipse ; si l'image est formée de courbes plus ou moins irrégulières, c'est qu'on a affaire à un astigmatisme irrégulier. Les figures 21, 22, 23,

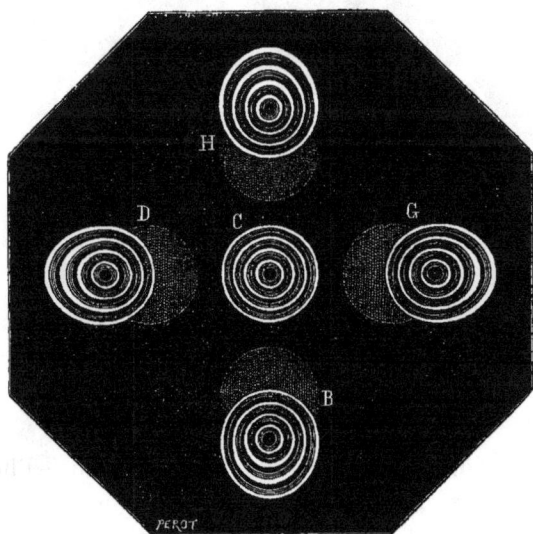

Fig. 21.

que nous devons à l'obligeance de M. Javal, représentent précisément l'aspect des images kératoscopiques dans les trois cas que nous venons de considérer. Ces figures ont été obtenues en faisant porter successivement le regard du patient en face C ; puis d'une même quantité, en haut H, en bas B, à droite D et à gauche G, l'angle de regard étant dans chaque cas de 15°. Le cercle grisé que l'on aperçoit sur ces figures représente la pupille. Ces dessins, qui ont été faits en regardant dans l'ophtalmomètre, sont renversés ; il faut donc tourner le livre à l'envers si l'on veut voir les images telles qu'elles se forment sur la cornée. La figure 21 se rapporte à un œil normal ; la figure 22, à un astigmatisme de deux dioptries contraire à la règle, c'est-à-dire

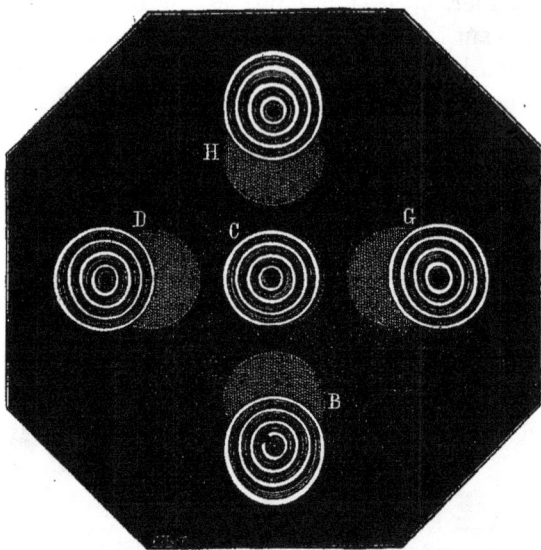

Fig. 22.

dont le méridien de courbure maxima est voisin de l'horizontale ; la figure 23 a été obtenue chez un individu dont la cornée présentait un astigmatisme franchement irrégulier.

On pourrait sans doute mesurer le degré de l'astigmatisme cornéen par l'emploi simultané du disque et du prisme biréfringent ; mais on arriverait ainsi à des résultats moins exacts qu'en faisant usage des mires, comme nous allons maintenant l'indiquer.

Pour mesurer l'astigmatisme cornéen avec l'ophtalmomètre pratique de Javal et Schiötz, on enlève le disque, et l'on met le prisme biréfringent en place ; puis, l'oculaire étant mis au point en opérant comme nous l'avons recommandé ci-dessus, le sujet étant disposé comme tout à l'heure et regardant dans l'axe du tube de la lunette, on procède à la recherche de l'œil dont on veut déterminer le degré d'astigmatisme. On a pour cela recours au même artifice

que dans le cas précédent ; c'est-à-dire que, l'arc gradué
étant horizontal, on commence par viser l'œil à travers

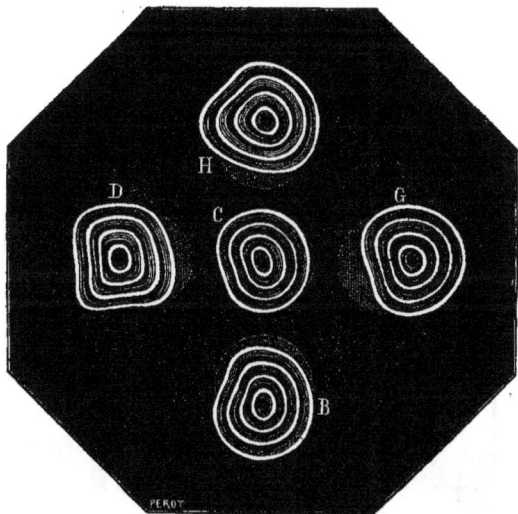

Fig. 23.

l'échancrure du cercle divisé, comme on ferait avec un
fusil, la goupille servant de guidon. On regarde alors dans
la lunette et, après avoir imprimé à l'appareil de petits
déplacements, si c'est nécessaire, on finit par apercevoir
plus ou moins confuse l'image dédoublée des mires. On
met cette image au point sans toucher à l'oculaire, mais
en déplaçant simplement l'appareil dans son ensemble, et
en ayant soin de le tirer à soi autant qu'on peut le faire
sans cesser de voir les mires aussi nettes que possible. Si,
pendant ce déplacement, les mires sortaient du champ, on
les y ramènerait en modifiant convenablement la direction de la lunette. On invite ensuite le sujet à regarder
exactement le centre du tube qui forme l'extrémité de la
lunette, et on lui recommande de conserver la même position pendant toute la durée de l'examen. L'arc gradué
étant placé verticalement, on doit donner aux mires
(fig. 24), sur cet arc, une position telle que leurs images

alternent. On examine les deux images centrales : Si les petits côtés de la mire rectangulaire sont bien sur le prolongement des lignes analogues de la mire en escalier, cela signifiera que la cornée de l'œil examiné est normale

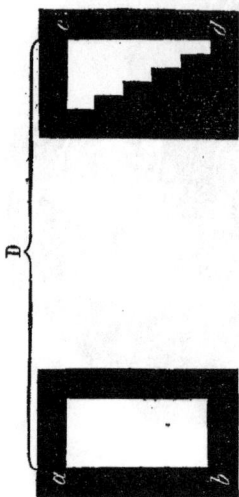

Fig. 24.   Fig. 25.

ou simplement que l'arc gradué est dirigé suivant l'un des méridiens principaux de la cornée de cet œil. Si, au contraire, les petits côtés des deux mires ne sont pas sur le prolongement les uns des autres, on fera tourner l'arc gradué, soit à droite, soit à gauche, et l'on cherchera la position de l'arc la plus voisine de la verticale, pour laquelle les petits côtés des deux images auront la même direction. L'arc sera alors dans le plan de l'un des méridiens principaux, et la position de l'aiguille sur le cercle divisé permettra d'évaluer la direction de ce méridien[1]. Que le nivel-

[1] Dans le cas d'astigmatisme irrégulier, les images des mires auront des formes plus ou moins irrégulières, des bords plus ou moins déchiquetés ; mais le phénomène sera moins net qu'avec le disque kératoscopique.

lement des images ait été obtenu de prime abord ou produit par rotation de l'arc gradué, peu importe ; on rapprochera avec la main l'une des mires de l'autre, jusqu'à faire
affleurer exactement les deux images centrales (fig. 25) ;
puis on fera tourner l'arc qui porte les mires autour de
l'axe du tube. Si, pendant le mouvement de rotation, les
images restent constamment au contact, la cornée de l'œil
observé sera normale ; cette cornée présentera au contraire de l'astigmatisme si les images s'éloignent ou se
rapprochent, se disjoignent ou se superposent. On cherchera,
s'il en est ainsi, une position de l'arc, sensiblement à 90°de
sa direction première, pour laquelle le nivellement des
images soit de nouveau réalisé. Si, dans cette nouvelle position, les images des mires empiètent l'une sur l'autre[1],
comme dans la figure 26, il suffira de lire le nombre de

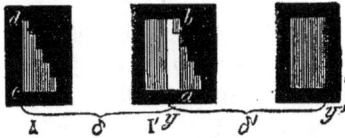

Fig. 26.

marches et d'évaluer les fractions de marche de la mire en
escalier recouverte par la mire rectangle, pour connaître en
dioptries et fractions de dioptrie le degré d'astigmatisme
cornéen de l'œil soumis à l'examen. De plus, la direction
qu'avait l'arc dans sa première position sera, dans ce cas,
précisément celle du méridien de courbure maxima ; et le
degré du cercle divisé en face duquel se trouvait l'aiguille
lorsque l'arc occupait sa première position, représentera
l'angle que fait ce méridien avec la verticale à droite de
l'œil observé. Si, lorsqu'on fait passer l'arc de sa première
position à sa seconde, les images des mires s'écartent l'une

[1] Cet empiétement est nettement accusé par une coloration blanche
qui se détache bien de la teinte grise des autres parties.

9

de l'autre au lieu de se superposer, on devra ramener ces
images au contact (quand l'arc sera dans sa deuxième
position), en déplaçant l'une des mires ; puis, revenir à la
première position et regarder alors le nombre de marches
et les fractions de marche dont l'une des images empiète
sur l'autre. Autant de marches d'empiétées, autant de dioptries d'astigmatisme; autant de fractions de marche, autant
de fractions de dioptrie. La direction du méridien de courbure maxima de la cornée sera, dans ce cas, indiquée par
la direction de l'arc dans sa deuxième position.

Remarques. — L'ophtalmomètre de Javal et Schiötz
permet de déterminer l'astigmatisme cornéen avec beaucoup
plus d'exactitude que les appareils de Wecker et Masselon,
ou de Hubert et Prouff, qui ont cependant été construits
après lui. Cet instrument essentiellement pratique présente en outre l'avantage qu'il n'est pas nécessaire, si l'on
veut s'en servir pour effectuer une mesure, de corriger
son astigmatisme lorsqu'on est astigmate. Le modèle 1889
est encore supérieur au précédent.

Il faut toutefois remarquer que nous n'avons déterminé
jusqu'ici, avec plus ou moins de précision, suivant la méthode employée, que le degré d'astigmatisme cornéen et
la direction du méridien de courbure maxima de la cornée.
Le degré d'astigmatisme ainsi mesuré ne permet pas de
rien préjuger de la réfraction totale de l'œil soumis à
l'examen; de plus, l'astigmatisme cornéen n'est généralement pas égal à l'astigmatisme total ; il lui est le plus
souvent légèrement inférieur ; enfin les méridiens principaux de la cornée ne coïncident pas toujours avec ceux
de l'astigmatisme total. Il sera donc indispensable, si
l'on veut être renseigné plus exactement sur l'état de
l'œil observé, de procéder à un essai de verres ; mais cet
essai sera, comme nous le verrons plus loin, considérablement facilité par la connaissance de l'astigmatisme cornéen.

3° MESURE DU DEGRÉ D'ASTIGMATISME TOTAL PAR LA MÉ-
THODE DE LA BOITE DE VERRES[1]. — On se servira, pour
cette détermination, soit d'une boîte de verres et d'une
lunette d'essai de Unger, qui est disposée de telle sorte que
l'on puisse facilement faire tourner dans chaque monture
le verre cylindrique qu'on y a placé, soit de l'optomètre
de Javal, pour la description duquel nous renvoyons à la
manipulation précédente (pag. 94). On procédera comme
pour la détermination du degré d'amétropie. Le sujet sera
donc placé, le dos tourné au jour, en face, et à 5 mètres
de distance, d'un cadran horaire convenablement éclairé[2];
il sera bon de suspendre une échelle typographique à côté
de ce cadran, afin de pouvoir mesurer, lorsqu'on hésitera
entre plusieurs verres voisins, quel est celui qui procure
au sujet la meilleure acuité visuelle. Le sujet devra tenir
la tête droite ; on vérifiera que ses deux yeux soient bien
sur une même ligne horizontale ; on l'invitera à les maintenir largement ouverts, et l'on installera à demeure devant
l'un un écran opaque, tandis que l'on fera passer devant
l'autre, à 13^{mm} environ de la cornée, la série des verres de
la boîte ou de l'optomètre de Javal. Voici maintenant la
méthode à suivre pour arriver à déterminer dans ces conditions le degré d'astigmatisme de l'œil observé ; nous nous
conformerons pour l'exposé de cette méthode à l'ordre
adopté par M. Imbert[3], ordre qui nous paraît en faciliter
singulièrement l'étude et l'application.

---

[1] Les élèves qui seront astigmates détermineront leur astigmatisme
par cette méthode ; ceux qui ne seront pas astigmates se rendront tels
avec l'une des lunettes A, B, C, D..., et détermineront alors leur astigmatisme ; ils devront en déduire le ou les numéros du verre de la lunette
employée et la direction de l'axe de ce verre. Il leur faudra pour cela tenir
compte, s'ils sont myopes ou hypermétropes, de leur degré d'amétropie,
qu'ils auront mesurée dans la manipulation précédente.

[2] Il ne faut pas que le cadran soit trop éclairé ; un éclairage trop intense ferait contracter la pupille de l'œil examiné, et son astigmatisme
serait ainsi en partie masqué.

[3] Imbert ; *Les anomalies de la vision*, J.-B. Baillière, 1889, pag. 315
et suivantes.

Il faut considérer deux cas, suivant que l'œil examiné a subi ou non des instillations préalables d'atropine.

Premier cas. — *L'œil n'a pas été atropinisé.* — 1° Si l'astigmate placé à 5 mèt. du cadran horaire ne distingue nettement à l'œil nu aucun des rayons de ce cadran, c'est que les méridiens principaux de son œil sont tous les deux myopes ou, ce qui est plus rare, tous les deux hypermétropes avec proximum virtuel. On fera, dans ce cas, passer devant l'œil des verres sphériques négatifs, en commençant par les plus faibles : Si la vision est améliorée, on pourra en conclure que les deux méridiens principaux sont myopes, et l'on devra chercher le verre négatif le plus faible qui permet de voir nettement l'un quelconque des rayons du cadran. Le numéro de ce verre fera connaître le degré d'amétropie du méridien le moins myope ou la distance en dioptries du remotum de ce méridien au foyer antérieur de l'œil. La ligne vue nettement, dont on pourra lire la direction sur le cadran, sera perpendiculaire au méridien le moins myope et par suite sensiblement parallèle au méridien le plus myope ou le plus réfringent. Laissant le verre sphérique en place, on fera passer successivement devant l'œil les verres cylindriques concaves, d'après l'ordre croissant de leurs numéros ; ces verres devront être orientés de telle sorte que leur axe soit perpendiculaire à la ligne vue nettement. Si le cadran et la lunette d'essai sont gradués d'après les conventions que nous avons indiquées, il suffira de faire passer l'axe du verre par la division de la lunette d'essai qui correspond au nombre de degrés n lu à l'extrémité de la ligne perçue nettement par le patient. Si l'on fait usage de l'optomètre de Javal, on placera simplement l'aiguille sur la division n et, en faisant alors tourner le disque, on amènera successivement devant l'œil tous les verres cylindriques concaves convenablement orientés. Le numéro du plus faible de ces verres cylindriques qui permet de voir nettement toutes les lignes du cadran donne la valeur de l'astigmatisme cherché.

Si les méridiens principaux de l'œil soumis à l'examen sont tous les deux hypermétropes avec proximum virtuel, les verres sphériques négatifs rendront la vision plus confuse ; on essayera alors les verres positifs d'après l'ordre croissant de leurs numéros. Dans ces conditions, l'astigmate distinguera bientôt avec netteté l'une des lignes du cadran ; cette ligne sera perpendiculaire à la direction du méridien le plus réfringent. On devra continuer à faire passer devant l'œil des verres sphériques de plus en plus forts, et ne s'arrêter que lorsque la ligne qui tout à l'heure était vue nettement commencera à devenir confuse. Le numéro du verre positif le plus fort qui permettra de distinguer nettement la ligne en question indiquera, si le sujet a complètement relâché son accommodation, le degré d'amétropie du méridien le moins hypermétrope ou le plus réfringent. Laissant ce verre devant l'œil observé, on fera passer au-devant de lui des verres cylindriques positifs de numéros croissants, orientés de telle sorte que leur axe soit perpendiculaire à la direction de la ligne vue nettement et soit par suite situé dans le méridien le plus réfringent. Le numéro du premier verre cylindrique avec lequel toutes les lignes du cadran paraîtront également nettes fera connaître la valeur de l'astigmatisme cherché.

2° Considérons maintenant le cas où l'astigmate placé à 5 mèt. du cadran horaire distingue nettement à l'œil nu une ou plusieurs des lignes du cadran. Les deux méridiens de l'œil observé peuvent alors être hypermétropes, l'un au moins de ces méridiens ayant son proximum réel ; il se peut aussi que l'un des méridiens soit emmétrope, l'autre étant hypermétrope ou myope ; ou encore que l'un soit hypermétrope et l'autre myope. Quoi qu'il en soit, l'un de ces méridiens est accommodé pour l'infini[1], et sa direction est perpendiculaire à la ligne vue nettement, ou à la ligne qui

---

[1] Lorsqu'un des méridiens est emmétrope, c'est en général celui-là qui est accommodé pour l'infini.

occupe le milieu du groupe de lignes que l'œil perçoit avec netteté. On devra d'abord procéder à la recherche de l'état d'amétropie de ce méridien, en faisant passer devant lui des verres sphériques convexes de numéros croissants. Si les plus faibles de ces verres rendent la vision confuse pour la ligne ou le groupe de lignes qui étaient perçues nettement à l'œil nu, le méridien considéré est emmétrope; il est hypermétrope, au contraire, si l'interposition des verres positifs ne diminue pas la netteté de l'image en question. Le degré de son amétropie est donné dans ce cas, si le sujet a complètement relâché son accommodation, par le numéro du plus fort des verres qui permet encore de percevoir cette image avec netteté.

Supposons en premier lieu que le méridien dont nous venons de déterminer l'état de réfraction soit emmétrope. On fera passer devant l'œil des verres cylindriques d'après l'ordre croissant de leurs numéros, l'axe de ces verres étant dirigé perpendiculairement à la ligne qui est nettement perçue à l'œil nu. On commencera par des cylindres concaves, par exemple; s'ils améliorent la vision, on pourra en conclure que le second méridien principal de l'œil soumis à l'examen est myope, et le degré d'astigmatisme de cet œil sera donné par le numéro du plus faible des verres qui procure au sujet la vision nette pour toutes les lignes du cadran. Si le second méridien principal était hypermétrope, ce seraient les cylindres convexes qui amélioreraient la vision, et le numéro du premier verre cylindrique qui permettrait de voir avec une égale netteté à la fois toutes les lignes du cadran donnerait la valeur de l'astigmatisme cherché.

Passons enfin au cas où le méridien accommodé pour l'infini, dont nous avons déterminé tantôt le degré d'amétropie, a été trouvé hypermétrope de n dioptries. Le second méridien principal peut alors être myope ou hypermétrope, et, s'il est hypermétrope, il peut l'être plus ou moins que le premier. On placera devant l'œil le verre sphérique de

n dioptries, correcteur de l'amétropie du premier méridien ; le second méridien, s'il était hypermétrope, restera tel à un degré moindre ou deviendra myope, selon que son degré d'hypermétropie était supérieur ou inférieur à celui du premier ; il deviendra plus fortement myope s'il l'était déjà ; on retombera donc sur le cas précédent, et l'on procédera, comme nous l'avons déjà indiqué, à l'essai des verres cylindriques concaves ou convexes d'après leur ordre croissant. Le degré d'astigmatisme de l'œil observé sera donné par le premier des verres, concave ou convexe, qui rendra la vision nette pour toutes les lignes du cadran. Dans ce cas, comme dans le précédent, connaissant le degré d'amétropie du méridien qui, à l'œil nu, est adapté à l'infini, on pourra, pour savoir si le second méridien est plus ou moins convergent que celui-là et par suite si l'on doit essayer d'abord les cylindres négatifs ou positifs, se guider sur les considérations suivantes : L'astigmatisme est ordinairement conforme à la règle, c'est-à-dire que, des deux méridiens principaux d'un œil astigmate, c'est en général le plus réfringent qui est le plus voisin de la verticale. Si donc la ligne vue nettement à l'œil nu est voisine de l'horizontale, le méridien accommodé pour l'infini est très probablement le plus réfringent des deux méridiens principaux ; ce sera l'inverse si la ligne vue nettement à l'œil nu est voisine de la verticale.

Remarque.— En réalité, la détermination de l'astigmatisme par le procédé que nous venons de décrire est loin d'être aussi facile qu'il pourrait le paraître d'après son exposé. Pour des raisons sur lesquelles nous n'avons pas à insister ici, il arrivera souvent que le sujet ne pourra fournir des renseignements bien précis sur l'action des différents verres placés devant son œil ; ses réponses seront parfois même contradictoires, et il sera bien difficile, sinon impossible, d'arriver dans ces conditions à obtenir des résultats exacts. Il est donc préférable de mesurer l'astigmatisme sur l'œil atropinisé, sauf à vérifier ensuite l'action des verres correcteurs lorsque l'accommodation ne sera plus paralysée.

Deuxième cas. — *L'œil a été atropinisé* [1]. — 1° Si le sujet placé à 5 mèt. du cadran horaire distingue nettement l'une des lignes de ce cadran, le méridien perpendiculaire à cette ligne pourra être considéré comme emmétrope [2]. On fera, dans ce cas, passer devant l'œil examiné les verres cylindriques concaves ou convexes [3], en ayant soin d'orienter leur axe de telle sorte qu'il soit perpendiculaire à la direction de la ligne vue nettement à l'œil nu. Le degré d'astigmatisme cherché sera égal au numéro du verre qui permettra de voir avec netteté toutes les lignes du cadran.

2° Si le sujet placé à 5 mèt. du cadran n'en distingue nettement aucune ligne, on fera successivement passer devant son œil les verres sphériques concaves, puis, s'il y a lieu, les verres sphériques convexes, d'après l'ordre croissant de leurs numéros, jusqu'à ce qu'il perçoive avec netteté l'une des lignes du cadran. Le numéro du verre qui produira ce résultat fera connaître le degré d'amétropie du méridien perpendiculaire à la ligne vue nettement. Laissant alors le verre sphérique ainsi déterminé devant l'œil, on essayera successivement les verres cylindriques concaves ou convexes [3], en dirigeant leur axe perpendiculairement à cette même ligne, et le numéro du cylindre qui rendra également nettes toutes les lignes du cadran sera égal au degré d'astigmatisme de l'œil soumis à l'examen.

Remarque. — La détermination de l'astigmatisme par le procédé de la boîte de verres est singulièrement facilitée par la connaissance du degré d'astigmatisme cor-

[1] Les déterminations sur des yeux atropinisés seront faites à la clinique ophtalmologique.
[2] Il sera en réalité myope de $0^d.2$.
[3] On se laissera guider pour essayer d'abord les verres concaves ou les verres convexes par l'hypothèse d'un astigmatisme conforme à la règle.

néen. Voici dans ce cas comment l'on devra opérer : On disposera comme précédemment le sujet à 5 mèt. d'un cadran horaire et d'une échelle d'acuité, et l'on se servira de l'optomètre de Javal (fig. 16), qui est d'un maniement plus commode que la boîte de verres. On placera l'aiguille de l'optomètre sur la division dont le numéro correspond au nombre de degrés de l'angle que fait avec la verticale et à droite de l'œil observé le méridien de courbure maxima de la cornée, et on fera tourner le disque qui porte les lentilles cylindriques de façon à amener devant l'œil du sujet la lentille cylindrique concave, par exemple, dont le numéro est égal au degré d'astigmatisme cornéen trouvé pour cet œil. Cette lentille sera ainsi convenablement orientée. On fera alors passer devant l'œil, qui regarde à travers cette lentille cylindrique le cadran horaire, les différentes lentilles du second disque jusqu'à corriger complètement sa réfraction sphérique ; il devra après cette correction voir nettement toutes les lignes du cadran. Puis, le sujet regardant à travers les deux verres placés devant son œil, on fera tourner lentement, en agissant sur le bouton que porte le disque, la lentille cylindrique de 15° de part et d'autre de sa position primitive ; on la fera ensuite tourner brusquement de 90° ; enfin on essayera les cylindres un peu plus forts, puis les cylindres un peu plus faibles que celui placé primitivement devant l'œil, en ayant soin d'imprimer à chacun les mêmes déplacements de l'axe et d associer à chacun successivement les lentilles sphériques qui précèdent ou suivent immédiatement celle que l'on avait associée au premier cylindre. Tous ces essais se feront très rapidement. La combinaison de verres qui donnera au sujet la meilleure acuité visuelle est celle qui devra être considérée comme corrigeant le plus exactement l'anomalie dont son œil est atteint.

Une fois trouvés les verres exactement correcteurs, quel que soit le procédé qui les ait fait connaître, il sera facile d'en déduire l'état de réfraction de l'œil soumis à l'exa-

men. La direction de l'axe du verre cylindrique permettra
en effet de déterminer les directions des méridiens principaux de l'astigmatisme total ; le nombre en face duquel
se trouvera l'aiguille de l'optomètre de Javal indiquera la
valeur en degrés de l'angle que le méridien le plus réfringent fait avec la verticale à droite de l'œil observé ; l'autre
méridien sera perpendiculaire à cette direction Le degré
d'astigmatisme de l'œil sera représenté par le numéro du
verre cylindrique ; le degré d'amétropie du méridien dirigé
suivant l'axe du cylindre sera égal au numéro du verre
sphérique, et le degré d'amétropie du méridien perpendiculaire sera égal à la somme ou à la différence des numéros
des deux verres. suivant que ces deux verres seront de
même signe ou de signe contraire [1].

4° MESURE D'UN RAYON DE COURBURE DE LA CORNÉE A
L'AIDE DE L'OPHTALMOMÈTRE DE HELMHOLTZ. — L'ophtalmomètre de Helmholtz se compose essentiellement d'une
lunette horizontale disposée pour voir à de petites distances et devant laquelle se trouve une espèce de boîte cubi-
que, qui renferme deux lames de verre à faces parallèles
et qui peut tourner autour de l'axe de la lunette. Cette
boîte présente deux ouvertures circulaires en regard : l'une
est destinée à donner accès aux rayons lumineux, dans
l'autre s'engage l'extrémité de la lunette. Pour mieux faire
comprendre la disposition des lames, nous supposerons
momentanément que deux parois opposées de la boîte,
celles qui portent les tambours gradués, par exemple,

---

[1] Les optomètres de Perrin et Mascart, de Badal et de Bull permettent
également de mesurer le degré d'astigmatisme total, avec plus ou moins
d'exactitude, suivant que l'accommodation a ou n'a pas été paralysée.
On emploie alors pour objet, soit une série de lignes parallèles que
l'on peut à volonté orienter dans tous les sens, soit un cadran horaire.
Après avoir cherché la direction des méridiens principaux en éloignant
de l'œil l'image du cadran, par exemple, jusqu'à ce qu'une seule des
lignes soit vue nettement, on détermine le degré d'amétropie de l'œil
pour chacun de ces méridiens principaux. La différence des degrés
ainsi obtenus fait connaître la valeur de l'astigmatisme cherché.

soient bien horizontales. Dans ce cas, les deux lames de verre sont verticales ; leur ligne de séparation est horizontale ; elles sont placées de champ l'une au dessus de l'autre, la lame supérieure correspondant à la moitié supérieure, la lame inférieure à la moitié inférieure de l'objectif. Ces lames sont en outre mobiles autour d'un axe vertical commun passant par leur milieu. Un pignon placé sur la paroi supérieure ou sur la paroi inférieure de la boîte permet, grâce à un mécanisme spécial, de faire tourner simultanément les lames de quantités égales, mais de sens contraire, autour de leur axe commun. Deux index fixes, munis de verniers, font connaître à chaque instant par leur position sur les tambours gradués, qui tournent en même temps que les lames, l'angle dont chaque lame a tourné. Si l'on imprime maintenant à la boîte un mouvement de rotation autour de l'axe de la lunette, la ligne de séparation des deux lames ne sera plus horizontale, et un cercle gradué, dont les divisions se déplacent au-devant d'un trait gravé sur le tube de la lunette, permettra à chaque instant de savoir, par une simple lecture, l'angle que cette ligne de séparation fait avec la verticale.

Il sera bon, lorsqu'on voudra se servir de l'ophtalmomètre de Helmholtz pour mesurer un rayon de courbure, de commencer par le graduer ; on pourra éviter ainsi l'emploi d'une formule qui nécessite quelques calculs. On placera pour cela à une petite distance (en général 1ᵐ,50 environ) de l'instrument une règle bien horizontale, par exemple, et on la disposera de telle sorte qu'elle soit convenablement éclairée. La ligne de séparation des deux lames de l'ophtalmomètre étant également horizontale et les deux lames étant dans le même plan (il en est ainsi lorsque l'index se trouve en face du 0 de la graduation du tambour), on cherchera à voir dans la lunette l'image de la règle ; il faudra, pour y parvenir, placer la lunette à une hauteur convenable et l'approcher de la règle jusqu'à ce que l'on commence à distinguer ses divisions ; puis, ache-

ver de mettre au point en retirant ou enfonçant l'oculaire,
que l'on aura préalablement amené au milieu de sa course..
Les choses étant ainsi disposées, les divisions de la règle
paraîtront simples ; mais elles se dédoubleront dès qu'on
fera tourner les lames. On les fera tourner d'une quantité
telle que l'image d'une division vienne se superposer à
l'image de la division suivante, qui est distante de la première de $0^{mm},5$, puis de la suivante, qui est distante de
1^{mm}, et ainsi de suite. De cette façon, on dédoublera
d'abord un objet de $0^{mm},5$, puis de 1^{mm}, $1^{mm},5$ etc ; on
notera chaque fois l'angle .de rotation des lames correspondant à ces grandeurs, et l'on calculera les grandeurs
correspondant aux angles intermédiaires, en admettant qu'il
y ait proportionnalité entre ces deux quantités dans l'intervalle de deux déterminations consécutives. On construira
ainsi un tableau qui permettra de déduire de la position
des lames les dimensions de l'objet dédoublé. Il faut
remarquer toutefois que, par suite d'imperfections inévi-
tables dans la construction de l'instrument, ce tableau
n'aura de valeur que pour le quart de cercle du tambour
pour lequel il aura été établi ; il faudra donc faire toutes
les mensurations dans le même quart de cercle, ou dresser
un tableau pour chaque quart de cercle et avoir soin, lorsqu'on voudra évaluer une grandeur, de se reporter au
tableau qui correspond à la partie du tambour sur laquelle
on aura lu l'angle des lames.

L'appareil une fois gradué comme nous venons de l'indiquer, on invitera le sujet, chez lequel on veut mesurer le
rayon de courbure de la cornée, à s'asseoir en face de
l'ophtalmomètre, le menton appuyé sur un support et
l'œil sensiblement au niveau de la lunette; on disposera
au-dessus de sa tête une lampe, et l'on fixera une règle
divisée à l'extrémité de l'ophtalmomètre, perpendiculairement à l'axe de la lunette et parallèlement à l'intersection
des lames. Sur cette règle peuvent glisser trois petits
miroirs destinés à renvoyer dans l'œil examiné la lumière

de la lampe qui est au-dessus de lui. Deux de ces miroirs, placés d'un même côté de l'axe de la lunette, doivent être assez rapprochés l'un de l'autre ; le troisième miroir est situé de l'autre côté de l'axe. Après avoir dirigé la ligne d'intersection des lames parallèlement au méridien dont on veut déterminer la courbure, on cherche à voir nettement l'œil du patient à travers la lunette, en opérant comme tout à l'heure pour la règle ; puis on invite le sujet à regarder le centre de l'orifice de la boîte qui est en face de lui, et on incline les miroirs de façon à renvoyer dans l'œil les rayons émanés de la lampe. On voit alors dans la lunette, si les lames sont au zéro, trois images de la lampe ; on les met exactement au point ; l'une de ces images est isolée, les deux autres sont rapprochées ; dès qu'on tourne les lames, chaque image se dédouble, et l'on voit deux groupes de trois images, qui se déplacent en sens inverse l'un de l'autre à mesure qu'on augmente l'angle des lames ; les images de chaque groupe conservent constamment la même disposition et la même distance respective. On devra faire tourner les lames jusqu'à ce que l'image isolée de l'un des groupes soit venue se placer exactement au milieu entre les deux images rapprochées de l'autre groupe. Il suffit de lire alors la division du tambour qui se trouve en face de l'index, pour en déduire, grâce au tableau que l'on a dressé, les dimensions y' de l'image cornéenne que l'on vient de dédoubler[1]. Cette image n'est autre chose que la distance de l'une des images isolées de la lampe au milieu des deux images rapprochées du même groupe. Connaissant les dimensions de l'image donnée

[1] Dans le cas où on n'aurait pas fait de graduation préalable de l'ophtalmomètre, la valeur de y' pourrait être tirée de la formule :

$$y' = 2e \sin \alpha \left(1 - \frac{\sqrt{1 - \sin^2 \alpha}}{\sqrt{n^2 - \sin^2 \alpha}} \right)$$

dans laquelle e désigne l'épaisseur des lames, α l'angle dont chaque lame a tourné et n l'indice de réfraction de la substance qui constitue les lames.

par le miroir cornéen, on pourra, si l'on a mesuré la grandeur de l'objet qui fournit cette image et la distance de l'objet à la cornée, calculer facilement le rayon de courbure r de cette cornée dans le plan considéré. Par suite de la disposition adoptée (lampe exactement au-dessus de l'œil observé), la grandeur y de l'objet est égale au double de la distance qui sépare le miroir isolé du milieu des deux autres, distance que l'on peut lire sur la règle divisée qui porte les miroirs, et la distance p de l'objet au miroir cornéen est égale au double de la distance de l'œil à cette même règle, distance qu'il sera facile de mesurer directement. Il suffira de porter les valeurs de y', y et p dans la formule :

$$f = p\,\frac{y'}{y - y'}$$

pour en déduire la valeur de f, distance focale du miroir cornéen dans le méridien parallèle à la ligne d'intersection des lames ; le double de cette distance f sera précisément le rayon de courbure cherché. On pourra recommencer la même détermination pour divers méridiens, en dirigeant successivement la ligne d'intersection des lames suivant les méridiens dont on veut mesurer la courbure.

Remarque. — On pourrait étudier ainsi l'astigmatisme cornéen, mais il faudrait pour cela mesurer les rayons de courbure de la cornée de 15° en 15° ; l'opération serait longue et difficile, et il sera plus avantageux, pour l'étude de l'astigmatisme, d'avoir recours à l'ophtalmomètre de Javal et Schiötz, qui est essentiellement pratique. L'appareil de Helmholtz n'en reste pas moins un instrument très précieux pour les recherches scientifiques par suite de l'exactitude des résultats qu'il peut fournir.

Un des avantages principaux de ces deux ophtalmomè-tres est que de légers déplacements de l'œil examiné ne constituent pas un obstacle aux mensurations.

HUITIÈME MANIPULATION [1].

Première Partie.

1° EXAMEN DE L'ŒIL A L'ÉCLAIRAGE OBLIQUE. — L'examen à l'éclairage oblique, de même que celui à l'ophtalmoscope, dont nous parlerons tout à l'heure, doit se faire dans une chambre obscure. On prendra comme source lumineuse une lampe placée sur une table et fixée sur un support disposé de telle sorte qu'on puisse à volonté élever ou abaisser cette lampe ou encore la déplacer latéralement. On fera asseoir le sujet à examiner, à droite ou à gauche, près de la table sur laquelle se trouve la lampe, et, après avoir amené celle-ci à côté et au niveau de l'œil du patient, on se placera en face de lui. A l'aide d'une lentille convergente de 15 dioptries environ, que l'on tiendra d'une main entre la lampe et l'œil soumis à l'examen, on concentrera les rayons lumineux sur les diverses parties de cet œil. Il faudra seulement avoir soin d'avancer la lampe à mesure que l'on voudra observer des parties plus profondes. On pourra, dans ces conditions, éclairer très vivement toutes les couches de la cornée, l'iris, les différentes couches du cristallin, les parties anté-rieures du corps vitré et même, parfois, une portion du corps ciliaire. On peut regarder ces diverses régions à travers une loupe, que l'on tient entre le pouce et l'index de la main restée libre, tandis que le petit doigt de cette même main s'appuie sur le front du patient et que l'annulaire soulève sa paupière supérieure.

Remarque. — L'examen de l'œil à l'éclairage oblique est très utile pour le diagnostic des altérations des parties antérieures du globe oculaire.

[1] Cette manipulation se fait dans l'une des petites salles des Travaux pratiques ; un rideau opaque permet de faire l'obscurité dans cette salle.

2° Examen de l'œil a l'ophtalmoscope. — On prendra comme source lumineuse la même lampe que tout à
l'heure ; on se servira, pour éclairer le fond de l'œil, d'un
petit miroir concave percé en son centre d'une ouverture
circulaire de 3 à 4 millim. de diamètre ; ce miroir est muni
d'un manche que l'on doit tenir à la main (V. fig. 27 l'oph-

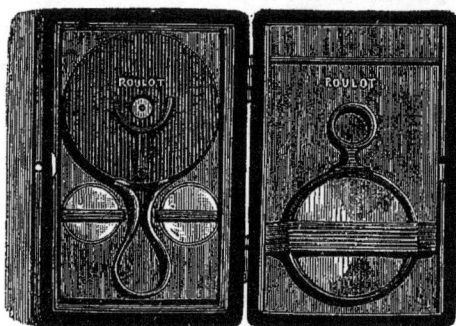

Fig. 27.

talmoscope du Dᵣ Landré). On devra employer une lentille
convergente ou divergente, suivant que l'on voudra procéder à l'examen de l'œil à l'image renversée ou à l'image
droite. On s'exercera d'abord à voir le fond de l'œil sur l'œil
de Perrin, puis sur l'œil de Parent et enfin sur le vivant.

L'œil de Perrin (fig. 28) est constitué par une sphère
métallique creuse dont le segment postérieur C représente
une rétine normale ou pathologique, tandis que le segment
antérieur B est formé par une lentille convergente H sertie
dans une virole qui se visse sur la partie moyenne.
Chaque œil est muni de trois lentilles que l'on peut successivement visser sur cette partie moyenne ; avec
l'une E on réalise un œil emmétrope ou myope, suivant
que la virole est vissée à fond ou non ; avec l'autre H on
réalise un œil hypermétrope ; enfin quand la troisième A,
qui est sphéro-cylindrique, est en place, l'œil est astigmate.

L'œil lui-même est porté par un pied qui peut à volonté
s'élever ou s'abaisser; et il est facile, grâce à une articulation qui se trouve à la partie
supérieure de ce pied, de
donner à l'axe du globe oculaire l'orientation que l'on juge
convenable. Un petit écran D,
placé derrière l'œil, est destiné à renseigner les débutants
sur la direction de leur éclairage.

L'œil de Parent (fig. 29)
est muni d'une seule lentille
sphérique ; mais celle-ci est
fixée sur un tube auquel on
peut imprimer un mouvement
de vrille autour de son axe.
Suivant le sens dans lequel on
fait tourner ce tube, l'axe
antéro-postérieur de l'œil
s'allonge ou se raccourcit, et il
est par suite possible de réaliser ainsi tous les degrés de

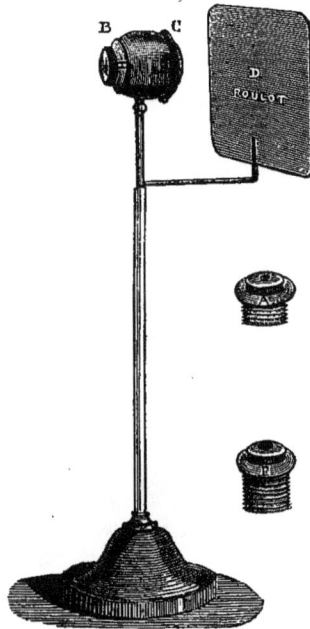

Fig. 28.

myopie ou d'hypermétropie anisoaxile ; le degré de cette
myopie ou de cette hypermétropie est du reste donné, à
chaque instant, par la position d'une aiguille mobile sur
un cercle gradué E[1]. Des lentilles cylindriques enchâssées dans deux petites lames métalliques qui peuvent glisser
séparément ou ensemble dans des coulisses, au-devant de
la lentille sphérique, permettent de donner à cet œil divers
degrés d'astigmatisme. Il suffit, du reste, pour placer
l'axe des lentilles cylindriques dans telle direction que
l'on désire, de faire tourner la pièce qui porte les coulisses ; il est toujours facile de lire la direction de l'axe des

[1] Nous avons remplacé ce cadran par un autre sur lequel nous avons
fait graver une graduation arbitraire.

10

lentilles sur une graduation en degrés que l'on aperçoit en F sur la figure. Le fond de l'œil C peut représenter soit une rétine normale, soit une rétine pathologique ; il peut être constitué aussi par une photographie sur verre de caractères d'imprimerie ou d'un cadran horaire. L'œil lui-même est, comme le précédent, monté sur un pied qui s'élève ou s'abaisse à volonté ; il peut s'incliner en avant ou en arrière ; enfin un écran, que l'on fixera dans la pince K, rendra aux débutants les services que nous avons déjà signalés à propos de l'œil de Perrin.

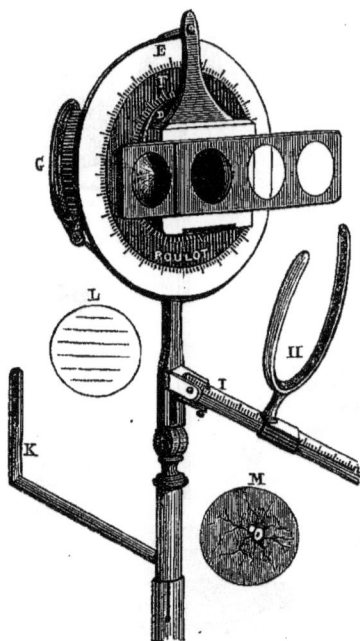

Pour procéder à l'examen ophtalmoscopique, on commencera par disposer la lampe à côté et un peu en

Fig. 29.

arrière de l'œil à examiner quel qu'il soit (artificiel ou non). S'il s'agit d'un malade, on le fera asseoir tout près, mais un peu en avant, de la table sur laquelle se trouve la lampe, et on aura soin, à l'aide d'un écran convenablement placé, de protéger son œil contre le rayonnement direct de la source lumineuse. L'observateur s'assiéra alors en face du patient ou de l'œil artificiel, à 30 ou 40 centim. environ ; tenant à la main, au-devant de son œil, le miroir ophtalmoscopique appuyé contre sa joue et contre son arcade orbitaire, il regardera à travers l'ouverture centrale du miroir l'œil dont il veut examiner le fond, et il imprimera à sa tête de petits déplacements de façon à renvoyer dans cet œil les rayons lumineux réfléchis par le miroir. Ce

résultat obtenu, il devra s'appliquer à ne pas modifier
la direction du miroir, de façon à maintenir l'œil convenablement éclairé pendant toute la durée de l'examen.
Si l'observateur veut examiner la papille, il devra inviter
le sujet à regarder sensiblement dans la direction de son
oreille droite ou de son oreille gauche, suivant qu'il
observe un œil droit ou un œil gauche ; s'il veut examiner
la macula lutea, il engagera le sujet à regarder le centre
même du miroir. Si l'examen porte sur un œil artificiel, on
aura dû lui donner préalablement une direction convenable,
en se guidant pour cela sur les indications précédentes. Il
pourra arriver, dans ces conditions, que l'observateur perçoive nettement, sans le secours d'aucune lentille, l'image
nette du fond de l'œil qu'il regarde. Il en sera ainsi, par
exemple, si l'œil de l'observateur et l'œil examiné sont tous
les deux emmétropes et ont tous les deux leur accommodation complètement relàchée ; il pourra de même en être
ainsi lorsque, l'œil de l'observateur étant normal, l'œil examiné sera hypermétrope ou bien encore fortement myope.
L'image perçue sera droite dans les deux premiers cas ; elle
sera renversée au contraire dans le troisième (œil fortement
myope). Mais ce n'est pas là le cas le plus général, et, le
plus souvent, en regardant à travers l'ouverture centrale du
miroir ophtalmoscopique, on n'apercevra qu'un cercle diffus
d'une teinte rouge uniforme ; il faudra alors avoir recours à
l'emploi d'une lentille convexe ou concave, suivant que l'on
voudra procéder à l'examen du fond de l'œil à l'image
renversée ou à l'image droite.

a. *Examen à l'image renversée.* — Les choses étant
disposées comme nous l'avons indiqué, et le fond de l'œil
étant convenablement éclairé, on placera sur le trajet des
rayons lumineux, tout près de l'œil observé, une lentille
positive de 10 à 14 dioptries, que l'on tiendra entre
le pouce et l'index de la main restée libre, tandis que les
autres doigts de cette même main viendront prendre un
point d'appui sur le front du patient ou directement sur

l'œil lorsqu'il s'agira d'un œil artificiel. On imprimera à
la lentille de petits déplacements d'avant en arrière ou
d'arrière en avant, et l'on parviendra ainsi à apercevoir
nettement l'image renversée du fond de l'œil observé. Toutefois, pour arriver à voir cette image, il faut savoir la
regarder, et il est bon pour cela de se rappeler que l'image
qu'il s'agit de voir vient se former en avant de la lentille
positive, à une petite distance de cette lentille (à moins
cependant que l'œil examiné ne soit fortement hypermétrope). On devra donc accommoder pour un point situé
en avant de la lentille et non pour l'œil soumis à l'examen, comme on est trop naturellement porté à le faire. Il
suffit en général de fixer la surface de la lentille pour
apercevoir déjà avec assez de netteté l'image du fond de
l'œil. On devra s'exercer à voir d'abord la papille ; puis,
lorsqu'on sera bien rompu à cet examen, la macula lutea.

Remarque. — On reconnaîtra que l'image est renversée
à ce fait qu'elle paraîtra se déplacer en sens inverse de
l'observateur lorsque celui-ci imprimera de petits mouvements à sa tête ; si l'image était droite, elle paraîtrait se
déplacer dans le même sens que l'observateur.

b. *Examen à l'image droite.* — Nous avons déjà dit que
l'image droite du fond de l'œil pouvait être perçue directement sans le secours d'aucune lentille si l'œil examiné était hypermétrope ou même emmétrope ; il n'en
sera plus de même si, l'œil de l'observateur étant emmétrope, l'œil examiné est myope ou s'il est accommodé
pour un point situé à une distance finie en avant de lui
quel que soit d'ailleurs alors son degré d'amétropie. Il
faudra dans ce cas, pour voir l'image droite du fond de l'œil,
avoir recours à une lentille concave. Les choses seront
disposées comme dans le cas précédent ; seulement la lentille négative sera placée non plus contre l'œil examiné,
mais aussi près que possible de l'œil de l'observateur ; le
mieux sera de la fixer derrière l'ouverture centrale du
miroir de l'ophtalmoscope. De plus, cette lentille devra être

assez près de l'œil observé et d'un numéro suffisant pour
que son foyer principal se trouve en deçà, par rapport à
l'œil soumis à l'examen, du point pour lequel cet œil est
accommodé. On devra par suite, pour voir nettement
l'image droite du fond de l'œil dans le cas que nous considérons, employer une lentille négative d'un numéro convenable, et, cette lentille étant placée derrière l'ouverture
du miroir, s'approcher de l'œil observé jusqu'à ce que
l'on perçoive avec netteté l'image en question. Pour trouver plus facilement cette image, il est utile de se rappeler
qu'elle est en général située au delà de l'œil que l'on examine si l'on est suffisamment près de cet œil ; il faudra
donc que l'observateur accommode en conséquence.

3° Détermination du degré d'amétropie d'un œil
a l'aide de l'ophtalmoscope a réfraction. — Il existe
un nombre considérable d'ophtalmoscopes à réfraction ;
peu importe le modèle choisi ; il faut seulement prendre
garde que le miroir du type adopté ait une ouverture suffisante (3 millim. de diamètre). Si cette ouverture était trop
petite, elle serait assimilable à celle d'une chambre noire, et
l'on verrait alors le fond de l'œil observé avec une assez
grande netteté, quel que soit l'état de réfraction de cet œil
et quelle que soit la lentille employée.

L'ophtalmoscope du Dr Badal (fig. 30), dont on fera usage
ici, est constitué par deux disques fixés derrière un miroir
ophtalmoscopique ordinaire. Chacun de ces disques peut
tourner autour d'un axe passant par son centre et normal
à son plan. Le disque supérieur, plus petit que l'inférieur,
est percé de six ouvertures ; l'une d'elles est vide ; dans
les cinq autres sont enchâssées de petites lentilles de
+ 0,25, + 0,50, + 0,75, + 13 et — 13 dioptries. Le disque
inférieur porte treize ouvertures, dont une également vide ;
les douze autres sont garnies des verres de numéros entiers
de + 1 à + 6 et de — 1 à — 6 dioptries. On peut, en
faisant tourner les disques avec l'index de la main qui

tient le manche de l'instrument, amener derrière l'ouverture centrale du miroir ophtalmoscopique, soit l'une quelconque des lentilles que portent
ces disques, soit une association
de deux lentilles, et réaliser ainsi
tous les numéros de verres des
boîtes d'essai de — 19^d à +
19^d. Il suffira, pour connaître le
pouvoir dioptrique du système
de verres qui se trouve, à un
moment donné, derrière l'ouverture du miroir, de faire la somme
algébrique des numéros des
deux verres placés derrière cette
ouverture.

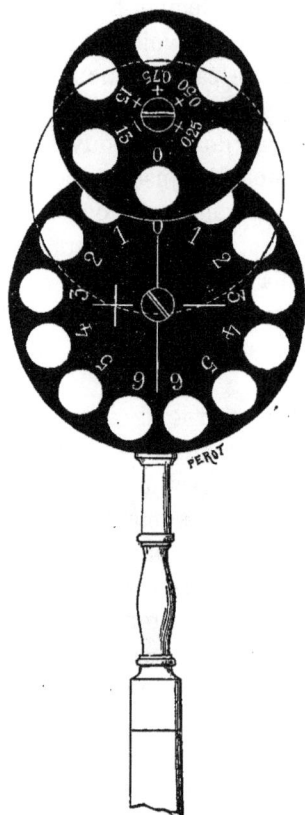

Il faut, pour que l'on puisse
déterminer avec l'ophtalmoscope à réfraction le degré d'amétropie d'un œil, que l'œil examinateur aussi bien que l'œil
examiné soient absolument dépourvus d'accommodation. L'observateur devra donc, par des
exercices préalables, se rendre
maître de relâcher à volonté son
accommodation. Il y parviendra
facilement : en s'habituant à
regarder au loin, dans le vide, à

Fig. 30.

travers ses doigts écartés, placés à peu de distance de son œil
(20 à 40 centim.); en s'exerçant à l'aide de prismes à rendre ses lignes visuelles parallèles, et en regardant des objets
rapprochés avec une forte lentille convergente. Il devra
dans ce dernier cas mettre l'objet à une distance telle de la
lentille qu'il soit obligé pour le voir nettement de relâcher
entièrement son accommodation ; c'est à-dire qu'il devra
écarter l'objet autant que possible de la lentille sans cesser

cependant de le voir avec netteté. Si l'observateur ne pouvait parvenir à s'affranchir de son accommodation, il devrait du moins chercher, en examinant des yeux dont le degré d'amétropie lui serait connu, quel est le degré de réfrac·tion qu'il donne à son œil dans l'examen ophtalmoscopique ; il aurait naturellement à en tenir compte dans ses déterminations. Lorsque l'examen porte sur le vivant et non sur des yeux artificiels, il est également indispensable que le sujet relâche complètement son accommoda·tion. Il faut, pour obtenir sûrement ce résultat, avoir recours aux instillations d'atropine ; mais on ne peut pas toujours employer ce procédé ; il suffit du reste, en général, d'engager le sujet à ne fixer aucun objet, ce qui lui sera d'autant plus facile qu'il sera dans une obscurité plus complète. Si la salle n'était pas assez obscure pour que le patient puisse parvenir à relâcher ainsi son accommodation, ou encore s'il ne savait maintenir son axe visuel constamment dans la même direction sans fixer un point déterminé, on l'inviterait à regarder un objet aussi éloigné que possible et situé au moins à 5 mèt. de lui.

Les choses seront du reste disposées comme pour l'examen ophtalmoscopique, avec cette seule différence, que l'observateur se placera beaucoup plus près, aussi près qu'il le pourra, de l'œil qu'il veut examiner. C'est la papille qu'il devra prendre comme point d'observation, à moins qu'il n'ait une assez grande pratique de l'ophtalmoscope pour choisir la macula lutea. Il commettra sans doute une erreur en regardant la papille ; mais cette erreur est absolument négligeable dans les faibles degrés de myopie ou d'hypermétropie, et la détermination est dans ces conditions bien plus facile. L'observateur invitera donc le patient à regarder par-dessus l'une de ses épaules, à peu près au niveau de son oreille droite ou de son oreille gauche, selon que l'examen porte sur un œil droit ou sur un œil gauche ; s'il s'agit d'un œil artificiel, on lui donnera une direction analogue ; puis, l'œil dont on veut déterminer le

degré d'amétropie étant convenablement éclairé, l'observateur cherchera, en tournant les disques de l'ophtalmoscope à réfraction de façon à faire passer successivement
devant son œil les différents numéros de verres réalisa-
bles, quel est le verre ou la combinaison de verres qui lui
permet de distinguer nettement à l'image droite la papille
de l'œil qu'il examine. Si, comme nous le supposerons
d'abord ici, cet œil n'est pas astigmate et si l'observateur
ne l'est pas non plus, ou s'il a son astigmatisme exactement
corrigé, tous les vaisseaux de la papille pourront être
perçus simultanément avec netteté, et l'on pourra déduire
du pouvoir dioptrique du verre, ou du système de verres
qui donne une image nette du fond de l'œil soumis à
l'examen, le degré d'amétropie de cet œil. Nous admet-
trons dans tout ce qui va suivre que l'observateur, suffisamment maître de son accommodation, a pu la relâcher
complètement pendant ses déterminations, et nous supposerons d'abord que l'œil avec lequel il regarde à travers
l'ophtalmoscope est normal ou rendu tel par un verre convenablement choisi, ce verre étant placé au foyer antérieur
de cet œil.

Si, dans ces conditions, l'examinateur voit nettement, sans
le secours d'aucun verre, l'image droite du fond de l'œil
dont il veut connaître l'état de réfraction, et si ni les verres
convexes ni les verres concaves n'augmentent la netteté de
cette image, il devra en conclure que l'œil examiné est
emmétrope. Lorsqu'un observateur emmétrope aura besoin
d'un verre pour voir nettement le fond d'un autre œil à
l'image droite, cet œil sera myope ou hypermétrope : il
sera myope si le verre qui rend l'image nette est concave ;
il sera hypermétrope si ce verre est convexe ; de plus le
numéro de ce verre fera précisément connaître la distance
en dioptries du punctum remotum de l'œil soumis à l'examen au verre lui-même. Connaissant la distance de ce
verre au foyer antérieur de l'œil examiné, distance qu'il
sera facile de mesurer si l'on se rappelle que le foyer

antérieur d'un œil se trouve sensiblement à 13 millim. en avant de la cornée, on pourra calculer le degré d'amétropie de l'œil observé. Il suffira pour cela d'évaluer en centimètres la distance du remotum au verre, donnée en dioptries par le numéro du verre, et d'ajouter à cette distance exprimée en centimètres ou d'en retrancher, suivant que le verre est négatif ou positif, la distance également exprimée en centimètres du verre au foyer antérieur de l'œil examiné. On aura ainsi, en centimètres, la distance du remotum au foyer antérieur de cet œil et, par suite, en évaluant cette distance en dioptries, le degré d'amétropie de l'œil. Si, par exemple, un emmétrope avait besoin d'une lentille positive de 8 dioptries pour voir le fond d'un œil à l'image droite, la distance du remotum de cet œil à la lentille serait de $\frac{100}{8} = 12^{cm},5$, le punctum remotum étant d'ailleurs situé en arrière de l'œil observé ; si la lentille de 8^d avait été placée à $1^{cm},5$ du foyer antérieur de l'œil examiné, la distance du remotum à ce foyer serait de $12,5 - 1,5 = 11$ centim. et par suite l'œil en question serait hypermétrope de $\frac{100}{11}$ ou sensiblement 9 dioptries. Si l'observateur se place assez près de l'œil qu'il examine (3 à 4 centim.), il pourra admettre que le numéro du verre qui lui fait voir nettement le fond d'un œil représente le degré d'amétropie de cet œil, à condition toutefois que ce numéro soit assez faible. L'œil sera du reste, comme tout à l'heure, hypermétrope ou myope suivant que le verre sera positif ou négatif.

Si l'observateur amétrope ne porte pas son verre correcteur, il devra faire en sorte que les lentilles de l'ophtalmoscope à réfraction se trouvent sensiblement au foyer antérieur de son œil, et il cherchera, comme précédemment, quel est le numéro du verre ou du système de verres qui lui permet de voir nettement, lorsque son accommodation est entièrement relâchée, l'image droite du fond de l'œil dont il veut déterminer l'état de réfraction. Si du numéro ainsi obtenu il retranche le numéro du verre qui le rendrait emmétrope, ces numéros étant affectés de leurs signes, il trouvera, également affecté de son signe, le numéro du verre qu'il aurait dû placer devant son œil pour voir nettement le fond de celui qu'il examine, dans le cas où il aurait préalablement corrigé son amétropie. Il déduira donc de ce nouveau numéro le degré d'amétropie de l'œil observé, en opérant exactement comme nous l'avons indiqué dans le cas précédent. Si, par exemple, l'observateur est myope de 5^d, c'est-à-dire s'il a besoin d'un verre de -5^d placé au foyer antérieur de son œil pour être rendu emmétrope et qu'il lui faille, pour voir nettement le fond d'un autre œil, un verre concave de 9^d placé au foyer antérieur de son œil et à 2 centim. du foyer antérieur de l'œil examiné, cela signifiera que ce même observateur aurait dû employer, s'il eût été emmétrope, un verre de $-9-(-5)=-4^d$ pour voir dans les mêmes conditions le fond du même œil. L'œil observé est donc myope; son remotum est à 4 dioptries ou $\frac{100}{4}=20^{cm}$ au delà de la lentille; il est donc à $20+2=22^{cm}$ du foyer antérieur de l'œil qui est par suite myope de $\frac{100}{22}$ ou sensiblement $4^d,5$.

Remarque. — La détermination du degré d'amétropie au moyen de l'ophtalmoscope à réfraction présente le grand avantage que la mesure se fait objectivement; on n'a pas ici à se fier aux réponses du sujet. En revanche, ce procédé exige un assez long apprentissage et comporte de nombreuses causes d'erreur que nous avons signalées pour la plupart et sur lesquelles nous n'avons pas à insister ici plus longuement.

4° DÉTERMINATION DU DEGRÉ D'ASTIGMATISME A L'AIDE DE L'OPHTALMOSCOPE A RÉFRACTION. — Si l'œil examiné est astigmate, l'observateur, en admettant qu'il ne soit pas lui-même astigmate ou que du moins il ait exactement corrigé son astigmatisme, ne pourra percevoir une image également nette de tous les vaisseaux rétiniens de l'œil soumis à l'examen. Il ne pourra voir nettement que les vaisseaux dirigés suivant les deux méridiens principaux de l'œil astigmate ; ces deux catégories de vaisseaux, dont les directions seront sensiblement à angle droit, ne pourront du reste être perçues que successivement avec netteté. Si l'observateur maintient son accommodation constamment relâchée, il lui faudra des verres différents pour voir nettement les vaisseaux qui correspondent à chacun des méridiens principaux. Il cherchera ces verres en se servant d'un ophtalmoscope à réfraction, de celui de Badal, par exemple, et opérant exactement comme nous l'avons indiqué à propos de la détermination du degré d'amétropie. Il trouvera ainsi deux numéros de verres qui lui permettront de voir successivement avec netteté deux catégories de vaisseaux. Les directions de ces vaisseaux feront connaître les directions des deux méridiens principaux. Le numéro de chaque verre représentera sensiblement, si l'observateur est emmétrope et s'il s'est placé très près de l'œil observé, le degré d'amétropie du méridien principal perpendiculaire à la direction des vaisseaux que ce verre fait voir avec netteté. La différence des deux numéros pris avec leurs signes donnera la valeur de l'astigmatisme total.

On s'exercera à la détermination de l'astigmatisme, par le procédé que nous venons d'exposer, sur un œil de Parent que l'on aura rendu astigmate à l'aide d'une des lentilles cylindriques A, B..., qui peuvent se fixer au-devant de cet œil et dont on aura remplacé la rétine par une photographie sur verre d'un cadran horaire.

Remarque. — La détermination de l'astigmatisme à l'aide de l'ophtalmoscope à réfraction est plus difficile encore que la détermination du degré d'amétropie, elle comporte les mêmes causes d'erreur et exige en outre que l'astigmatisme de l'observateur soit très exactement corrigé.

5° Détermination du degré d'amétropie d'un œil par le procédé de Cuignet. — L'observateur procédera comme pour l'examen ophtalmoscopique ; mais il se placera d'abord à un mètre environ de l'œil observé, et il renverra, à l'aide du miroir d'un ophtalmoscope simple tenu devant son œil, les rayons émanés d'une lampe convenablement disposée, dans l'œil soumis à l'examen. Il imprimera au miroir de l'ophtalmoscope de légers mouvements de rotation, soit à droite, soit à gauche, autour d'un axe passant par son man-che, et regardera, à travers l'ouverture centrale du miroir, le sens dans lequel se déplace l'ombre qui envahit alors la pupille par rapport au cercle d'illumination formé sur la figure du sujet par les rayons que réfléchit le miroir. Sup-posons d'abord que le miroir de l'ophtalmoscope soit un miroir plan : Si le cercle d'illumination et l'ombre pupil-laire se déplacent en sens inverse, c'est-à-dire si l'un s'en va vers la gauche de l'observateur pendant que l'autre fuit vers sa droite, cela signifiera que l'œil observé est myope et a son remotum en avant de l'œil de l'observateur. Celui-ci s'approchera, dans ce cas, de l'œil examiné sans cesser de produire, par la rotation du miroir, le phénomène du déplacement du cercle d'illumination et de l'ombre pupil-laire, et il s'arrêtera dès qu'il constatera un changement de sens dans le déplacement relatif de cette dernière. Il lui suffira alors de mesurer la distance de son œil au foyer antérieur de l'œil observé, pour connaître la distance du punctum remotum de cet œil à ce foyer. Cette distance évaluée en dioptries donnera le degré de myopie de l'œil. Si, lorsque l'observateur est placé à 1 mèt. du patient, l'om-bre pupillaire et le cercle d'illumination se déplacent dans le même sens, cela indique que l'œil soumis à l'examen est hypermétrope ou emmétrope ou même myope, son remotum étant, dans ce cas, situé au delà de l'œil observateur. L'observateur s'assiéra alors à 30 ou 40 centim. de l'œil examiné et mesurera exactement la distance qui sépare son œil du foyer antérieur de celui qu'il regarde : soit D cette distance évaluée en dioptries ; puis il fera passer devant l'œil observé, à 13 millim. environ en avant de cet œil, les verres positifs de la boîte d'essai, d'après l'ordre croissant de leurs numéros, jusqu'à ce que l'ombre pupillaire se déplace en sens inverse du cercle d'illumination : soit N le numéro du verre qui produit le changement de sens. Un verre de N dioptries rend l'œil examiné myope de D dioptries ; le degré d'amétropie de cet œil est donc égal à D-N dioptries. Suivant que D-N sera positif, nul ou négatif, l'œil observé sera myope, emmétrope ou hypermétrope.

Si le miroir de l'ophtalmoscope était concave au lieu d'être plan, l'ombre pupillaire et le cercle d'illumination se déplaceraient dans le même sens toutes les fois que le remotum de l'œil observé serait situé entre cet œil et celui de l'observateur ; ils se déplaceraient en sens inverse dans tous les autres cas ; ce serait précisément le contraire de ce qui se produit avec un miroir plan. La détermination du degré d'amétropie se ferait du reste comme nous l'avons indiqué ci-dessus.

Remarques. — Le procédé de Cuignet, qui présente le grand avantage d'être objectif comme la méthode précédente, est sans doute très commode pour déterminer rapidement la nature d'une amétropie ; mais l'observateur arrivera bien difficilement à mesurer le degré de l'anomalie trouvée s'il n'a fait du procédé un long apprentissage.

Le procédé de Cuignet peut servir à la détermination des éléments de l'astigmatisme : on mesure, comme nous l'avons indiqué, le degré d'amétropie des deux méridiens principaux, et la valeur de l'astigmatisme cherché est égale à la différence de ces degrés. Il est trop difficile d'arriver dans ces conditions à des résultats exacts pour que nous conseillions d'essayer ici de mesurer l'astigmatisme par cette méthode.

6° DIAGNOSTIC DE LA DYSCHROMATOPSIE (a) A L'AIDE DES ÉCHEVEAUX DE LAINE DE HOLMGREN. — Les écheveaux de laine de Holmgren sont constitués par des échantillons de couleurs différentes. Ces couleurs sont choisies de telle sorte qu'elles permettent de reconnaître si le sujet examiné est atteint de dyschromatopsie et de déterminer, dans certains cas, la nature de cette affection. L'échantillon I est vert clair ; les échantillons numérotés de 1 à 5 (chaque numéro comprend plusieurs écheveaux de teintes voisines) sont gris, jaunes et rouge faible. On montrera ces échantillons au sujet soumis à l'examen, et on l'invitera à indiquer quel est celui des échantillons 1 à 5 dont la couleur est analogue à celle de l'échantillon I. Si le sujet peut trouver dans la série 1 à 5 une couleur à peu près semblable à celle de I , c'est que son sens chromatique est plus ou moins altéré. On passe alors à une seconde épreuve, mais cette épreuve ne peut être concluante que pour les personnes dont le degré de dyschromatopsie est très élevé et qui peuvent être considérées comme achromatopes ou complètement aveugles pour une couleur. Si l'épreuve ne réussit pas, alors que la première a déjà démontré que le sujet ne distingue pas bien les couleurs, cela signifiera simplement que le degré de dyschromatopsie de l'examiné est faible. Voici maintenant en quoi consiste cette seconde épreuve : On engagera le sujet à regarder l'échantillon II a (cet échantillon est couleur pourpre, d'une teinte moyenne, ni trop clair, ni trop foncé) et à chercher dans les échantillons numérotés de 6 à 9, s'il n'en est point dont la couleur se rapproche de l'échantillon II a. (Les échantillons numérotés 6 et 7 sont formés de laines de couleur bleue et violette, mais dans les teintes foncées ; les laines des échantillons 8 et 9 sont grises et vertes). Si l'examiné rapproche de l'échantillon II a l'un des échantillons 6 ou 7, il est aveugle pour le rouge ; il est aveugle pour le vert dans le cas où il indique la couleur des laines 8 ou 9 comme ressemblant à celle de l'échantillon II *a*. Si, ce qui est du reste beaucoup plus rare, le sujet était atteint de cécité pour le violet, il rapprocherait du pourpre II *a* des laines rouges et orangées. Comme contrôle de cette seconde épreuve Holmgren conseille de demander au sujet quels sont, parmi les échantillons 10, 11, 12 et 13, ceux qui ont la même teinte que l'échantillon II *b*. Celui-ci est rouge vif, il est de la nuance des drapeaux qui servent pour les signaux dans les compagnies de chemin de fer, tandis que 10 et 11 sont vert sombre et marron foncé, et 12 et 13 vert clair et marron jaune. Si le sujet est réellement aveugle pour le rouge, il devra rapprocher 10 et 11 de II·*b* ; s'il est au contraire aveugle pour le vert, ce sont les échantillons 12 et 13 qu'il confondra avec le rouge II *b*.

Remarque. — En France, dans la marine et les chemins de fer de l'État, on emploie pour le diagnostic de la dyschromatopsie des lanternes à verres colorés. Ces lanternes présentent deux ouvertures : Devant l'une on place tour à tour des verres dont les couleurs, analogues à celles des échantillons I, II *a* et II *b* des laines de Holmgren, sont prises comme types ; on peut faire varier à volonté l'intensité lumineuse au moyen de verres fumés. Le sujet doit, en manœuvrant la lanterne à distance, faire passer successivement devant l'autre ouverture des verres dont les teintes sont celles des échantillons 1 à 13 des laines de Holmgren ; il doit indiquer parmi ces verres celui dont la couleur lui paraît se rapprocher de la couleur du verre type auquel il les compare.

(*b*) A L'AIDE DU CHROMATOPTOMÈTRE DE MM. COLARDEAU, IZARN ET CHIBRET. — Le chromatoptomètre de MM. Colardeau, Izarn et Chibret représenté fig. 31 se compose d'un tube de cuivre contenant à l'une de ses extrémités un nicol polariseur (objectif O*b*) et à l'autre un analyseur biréfrin-

gent (oculaire Oc); entre les deux se trouve une lame rectangulaire de quartz taillée parallèlement à son axe optique
et d'épaisseur bien définie. Si, mettant l'œil derrière l'œilleton de cet instrument, on regarde à travers le tube dans
la direction d'une surface éclairée, d'un mur blanc par

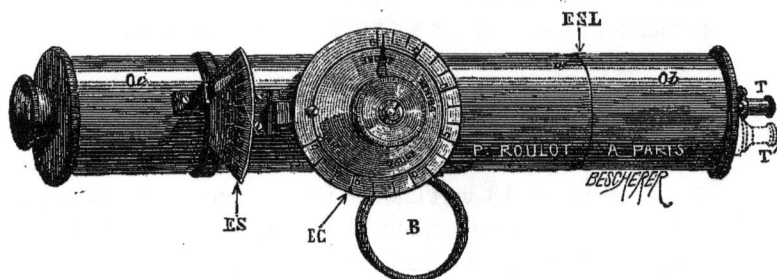

Fig. 31.

exemple, on aperçoit deux images tangentes de l'ouverture circulaire placée devant le polariseur pour limiter le
champ. L'aspect de ces images peut varier à volonté suivant la position donnée au polariseur, à la lame de quartz et
à l'analyseur. Des repères 0, 0, permettent de placer la section principale de l'analyseur parallèlement à l'axe optique
de la lame et à 45° du polariseur. Dans ces conditions, les
deux images sont blanches et ont même intensité lumineuse; mais, si l'on fait alors tourner le polariseur seul autour
de l'axe du tube, l'intensité de l'une des images diminue,
tandis que celle de l'autre augmente. Pour la détermination qui nous occupe, on devra laisser le polariseur dans sa
position primitive, c'est-à-dire que le trait de repère gravé
sur le tube qui le porte devra se trouver en face du 0 de
l'échelle ESL. Le polariseur étant au zéro, si l'on déplace
l'analyseur en le faisant tourner autour de l'axe du tube,
les deux images blanches se colorent de teintes complémentaires. On peut faire passer chaque image par toute la
gamme des couleurs, en faisant tourner la lame de quartz

de façon qu'elle se présente de plus en plus obliquement à
la lumière qui traverse le tube ; mais, quelle que soit l'inclinaison donnée à la lame, les couleurs des deux images
restent toujours complémentaires l'une de l'autre. Une
aiguille indique à chaque instant, par sa position sur un
limbe (échelle des couleurs EC), la couleur de l'une des images. Pour chaque direction de la lame, on peut, en faisant
tourner l'analyseur autour de l'axe du tube, laver plus ou
moins de blanc simultanément les deux images ou même,
comme nous l'avons déjà dit, rendre ces images tout à fait
blanches. Un index se déplaçant au-devant d'une graduation (échelle de saturation E S) fait connaître pour chaque
position de l'analyseur le degré de saturation correspondant des deux images.

Cet appareil permet de constater la dyschromatopsie pour
tous les groupes de couleurs complémentaires et de mesurer
empiriquement le degré d'intensité de cette affection. Nous
reproduisons ci-dessous, textuellement ou à peu près, l'instruction donnée par le Dr Chibret sur la façon dont on
doit se servir du chromatoptomètre pour faire cette consta-
tation ou effectuer cette mesure.

A. — *Épreuve d'élimination.* — 1° Mettre à 5° l'aiguille
de l'échelle de saturation (ES) et à orangé 0° l'aiguille de
l'échelle des couleurs (EC).

2° Écarter du diaphragme le tube T de l'objectif (l'amener en T' fig. 31).

3° Faire asseoir le sujet à trois mètres de la fenêtre s'il
fait clair, près de la fenêtre si le temps est sombre.

4° Présenter l'instrument au sujet en engageant son
index droit dans la bague B.

5° Le sujet doit viser la fenêtre en regardant dans l'oculaire avec l'œil droit, la main gauche fermant l'œil gauche.

6° Poser la question suivante : *Voyez-vous deux ronds de
même couleur ?*

Réponse : *Non.*

11

7° Répéter constamment la même question en tournant lentement l'aiguille de l'échelle des couleurs, de manière à la promener alternativement et lentement dans la direction du rouge, puis du jaune.

Réponse : *Non*.

8° Amener successivement et brusquement l'aiguille sur le jaune, sur le rouge et sur le violet en répétant toujours la question.

Réponse : *Non*.

9° Ramener l'aiguille de saturation à 0° et répéter une dernière fois la question.

Réponse : *Oui* ou : *à peu près*.

Conclusion. — Le sujet n'est pas dyschromatope, ce qui se chiffre par l'expression :

$$0° \ T \ C \ (\text{Toutes couleurs}).$$

Le même examen se pratique pour l'œil gauche en changeant l'instrument de main [1].

B. — *Épreuve de détermination*. — Si le sujet est dyschromatope, au lieu de répondre : *Non* pendant le 7° de l'épreuve précédente, il répondra : *Oui* à un moment où l'aiguille de l'échelle des couleurs est sur le 0° de l'orangé par exemple. Il faudra alors :

1° Faire tourner lentement l'oculaire Oc afin d'augmenter la saturation en répétant la question :

Voyez-vous deux ronds de même couleur ?

S'arrêter dès que le sujet répond : *Non* et noter le degré le plus élevé pour lequel il répond encore : *Oui*.

2° Ramener comme vérification à 5° l'échelle de saturation et recommencer l'épreuve afin de s'assurer que le

---

[1] Cet examen pourrait se faire à la lumière artificielle; mais les sources lumineuses contenant en général un excès de rayons jaunes, les yeux normaux sembleraient parfois légèrement dyschromatopes pour le jaune (5° *jaune* 0°); il ne faudrait pas en tenir compte et, si l'examen était négatif pour toutes les autres couleurs, on chiffrerait quand même 0° T C.

dyschromatope répond : *Non*, dans les deux épreuves, en présence du même degré de saturation.

Soit 15° le degré le plus élevé de l'échelle de saturation compatible avec la confusion des deux couleurs. On écrira 15° *orangé* 0°.

On chiffrerait 15° *orangé* 2° *rouge* si, au lieu de s'arrêter à orangé 0°, l'aiguille de l'échelle des couleurs s'était arrêtée à la deuxième division sur l'arc qui va de l'orangé au rouge.

7° MESURE DE L'ÉTENDUE DU CHAMP VISUEL A L'AIDE DU PÉRIMÈTRE DU Dr BADAL. — Le périmètre du Dr Badal (PP fig. 32) se compose d'un tube en cuivre évasé en

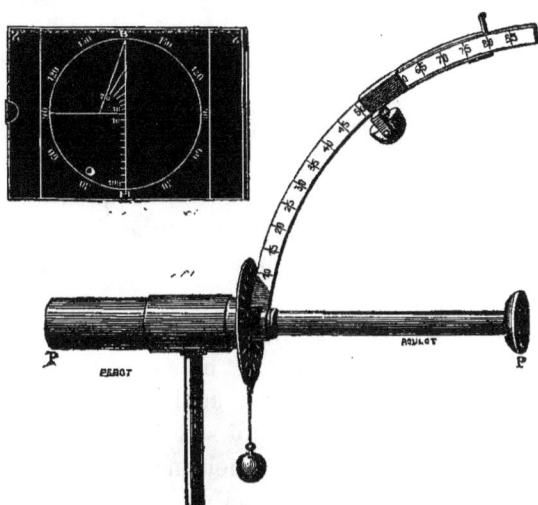

Fig. 32.

cupule à son extrémité antérieure et présentant suivant l'une de ses génératrices une fente large de 3 millim. A l'extrémité postérieure de ce tube est fixé un arc métallique disposé de telle sorte qu'il soit en regard de la fente du tube. Cet arc a du reste la forme d'un quart de cercle, et le centre du cercle auquel il appartient se trouve à

1 centim. en avant de la cupule qui termine le tube à sa
partie antérieure, si bien qu'il coïncide avec le centre de
rotation de l'œil lorsque celui-ci est appliqué contre la
cupule. L'arc est gradué de 5 en 5° jusqu'à 90°. Sur lui
peut glisser à frottement doux un petit cube [1] porté sur un
petit arc de cercle de 15° qu'il suffit de retourner à l'extrémité de l'arc principal lorsque l'on veut pousser jusqu'à 105° la mesure du champ visuel. Le petit cube peut
tourner autour d'un axe passant par le milieu de deux faces
opposées ; les quatre autres faces sont de couleurs différentes (blanc, rouge, vert, violet),ce qui permet d'explorer
le champ visuel pour la lumière blanche et pour chacune
des couleurs fondamentales. Le tube fendu dont nous avons
parlé tout à l'heure s'engage dans un second tube plus
large fixé dans le support de l'instrument ; il peut tourner
autour de son axe en entraînant l'arc gradué, et l'on peut
lire à chaque instant l'angle que fait le plan de cet arc
avec la verticale, sur un petit disque mobile qui se trouve
en arrière de l'arc et qui est perpendiculaire au tube. Un
fil à plomb assez lourd maintient le disque en place pendant les mouvements de rotation du tube, de telle sorte que
la ligne 0 — 180 soit toujours dans le méridien vertical,
le zéro en haut.

Pour mesurer avec cet instrument l'étendue du champ
visuel, on fait asseoir le patient près d'une fenêtre, le dos
tourné au jour, et on l'invite à appliquer l'un de ses yeux
exactement contre la cupule qui sert d'œilleton et à regarder à travers le tube un objet quelconque, un pain à cacheter par exemple, fixé contre un mur bien éclairé exactement à la hauteur de l'œil afin que le tube soit bien horizontal. L'instrument peut du reste être installé sur une
table ou tenu à la main par le sujet qui doit, de la main
restée libre, couvrir l'œil qui n'est pas soumis à l'examen.
L'observateur se placera derrière celui qu'il examine et
fera glisser lentement le cube sur l'arc gradué d'arrière en

[1] Sur la figure on a représenté par erreur une demi-sphère.

avant, jusqu'à ce qu'il soit averti par le patient (qui doit toujours fixer le pain à cacheter) que le cube apparaît dans le champ de la vision. Il notera alors la position du cube sur l'arc gradué et la direction de cet arc par rapport à la verticale. En continuant à pousser le cube le long de l'arc, on pourra constater la présence de lacunes du champ visuel s'il en existe dans le méridien exploré et en mesurer l'étendue. On placera ensuite l'arc à 15° de sa direction première, et on recommencera la même détermination pour ce nouveau méridien; ainsi de suite de 15 en 15°. Pour obtenir une représentation graphique du champ visuel, on pourra tracer sur une feuille de papier des cercles concentriques ayant pour rayon 5^{mm}, $7,^{mm}5$, 10^{mm}.... $52,^{mm}5$ par exemple, et inscrire sur chacun de ces cercles les chiffres 10, 15, 20.... 105 qui représenteront les degrés de l'arc gradué. On fera ensuite passer par leur centre commun des diamètres faisant entre eux des angles de 15°, et l'on marquera à l'extrémité de ces diamètres 0, 15, 30... 180. Chacun de ces diamètres représentera un méridien de l'œil et sera divisé, dans sa partie supérieure et dans sa partie inférieure, en degrés correspondant aux degrés de l'arc gradué, par ses intersections avec les cercles concentriques 10, 15... 105. Il sera donc facile de marquer sur chacun, dans sa partie supérieure ou inférieure suivant le cas, le degré lu sur l'arc gradué lorsque, cet arc étant placé dans l'une des deux positions qui correspondent au diamètre considéré, le petit cube a apparu dans le champ de la vision. En joignant par un trait continu tous les points ainsi obtenus, on aura une représentation graphique suffisamment approchée du champ visuel.

Le petit appareil figuré en SS (fig. 32) permet également d'obtenir une représentation analogue de ce champ: Il est constitué par deux plaques de cuivre réunies par une charnière et pouvant s'appliquer l'une contre l'autre : l'une est pleine et unie; au centre de l'autre, est découpé un cercle dont la circonférence porte des divisions corres-

pondant aux méridiens. A l'intérieur de ce cercle peut
tourner un demi-cercle plein, de même diamètre, maintenu dans une rainure. Sur l'une des moitiés de la section
transversale de ce demi-cercle se trouvent des divisions
qui vont de 0 à 105 et qui correspondent à celles de
l'arc gradué ; la graduation de l'autre moitié est différente ;
nous ne nous en occuperons pas ici. Pour obtenir avec ce
petit instrument, qui porte le nom de *schémographe,* le
schéma du champ visuel, il suffit de placer une feuille de
papier entre les deux plaques de cuivre, puis de diriger la
section transversale du demi-cercle mobile suivant le méridien exploré, de tracer ce méridien avec la pointe d'un
crayon que l'on fait glisser le long du bord libre du demi-
cercle mobile et de marquer un point sur la ligne ainsi tracée,
en face du degré qui représente la limite du champ visuel
dans la direction considérée. On agira de même pour tous
les méridiens, et en joignant par un trait continu tous les
points ainsi obtenus on aura le schéma demandé. Il sera
bon pour éviter toute confusion d'indiquer sur le papier,
avant de le retirer du schémographe, le diamètre vertical
par les chiffres 0 — 180 ; le zéro doit toujours être inscrit
à la partie supérieure de ce diamètre.

Deuxième Partie.

1° EXAMEN DU LARYNX A L'AIDE DU LARYNGOSCOPE. — On
se servira pour procéder à cet examen d'un laryngoscope
et d'un appareil d'éclairage. Le laryngoscope (fig. 33) se

Fig. 33.

compose d'un petit miroir plan en argent, en acier poli ou
en verre étamé, à contour circulaire, ovale ou carré. Ce

miroir est supporté par une tige métallique que l'on peut introduire à volonté dans un manche en bois. L'appareil d'éclairage consiste en une lampe modérateur sur laquelle se fixe un collier portant d'un côté un miroir concave qui sert à la fois de réflecteur et d'écran et de l'autre une lentille convergente destinée à concentrer sur le miroir laryngoscopique la lumière de la lampe.

Pour examiner le larynx, on se placera en face du sujet ; on mettra la lampe devant soi, un peu à sa droite, entre ses bras, et on la disposera de façon qu'elle éclaire vivement la paroi postérieure du pharynx. (Le réflecteur protégera l'observateur contre le rayonnement direct de la lampe.) Le miroir du laryngoscope sera ensuite légèrement chauffé afin que la vapeur d'eau contenue dans l'air expiré par le sujet ne vienne pas se condenser à sa surface et le ternir ; puis il sera introduit dans l'arrière-gorge du sujet [1] et dirigé de façon à éclairer la glotte et à renvoyer dans l'œil de l'observateur les rayons lumineux qu'elle émet alors. Il ne faut pas oublier que l'image virtuelle ainsi perçue est symétrique de l'objet : les parties situées à droite et à gauche de l'observateur sont bien vues dans leurs positions respectives, celles de droite à droite, celles de gauche à gauche ; mais les rapports sont intervertis dans le sens de la profondeur, les parties antérieures du larynx sont postérieures dans l'image, et réciproquement.

On pratiquera ici l'examen laryngoscopique sur le laryngo-fantôme du Dr Baratoux. Cet instrument se compose d'un conduit métallique qui présente à peu près la longueur et la direction du canal bucco-pharyngien de l'homme. A la partie inférieure de ce conduit, se trouve un larynx artificiel muni en divers points de sa surface de contacts métalliques numérotés de 1 à 8. Chacun de ces contacts est en relation avec un fil conducteur portant le même numéro que lui. A cet appareil est jointe une pile dont on fera com-

[1] Il sera parfois nécessaire d'avoir recours à des applications préalables de cocaïne.

muniquer les pôles, d'une part avec une tige métallique que
l'on tiendra à la main, de l'autre avec celui des fils con-
ducteurs qui porte le numéro du point que l'on veut toucher. Le laryngoscope étant tenu de la main gauche, la tige
métallique de la main droite, et les choses étant disposées
comme nous l'avons déjà indiqué pour l'examen du larynx,
on cherchera à atteindre avec la tige le point désigné à
l'avance sans toucher les parois du conduit. Grâce à un
dispositif spécial adopté ici, des numéros différents appa-
raîtront sur un tableau indicateur, suivant qu'on aura
établi le contact avec le point désigné ou avec les parois
du canal bucco-pharyngien. On pourra s'exercer ainsi à
simuler différentes opérations.

2° ÉTUDIER LA DISPOSITION DE L'OTOSCOPE DE BURTON
(MODÈLE COLLIN). — Cet instrument (fig. 34) est constitué par

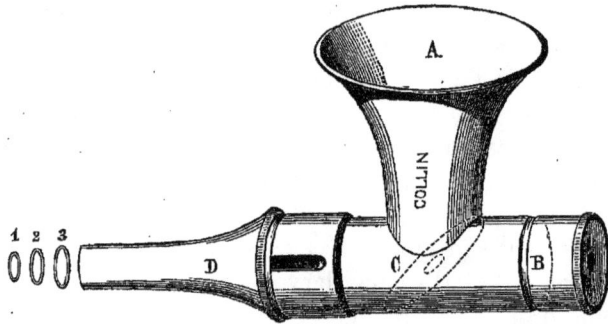

Fig. 34.

un tube cylindrique C terminé d'un côté par un embout coni-
que D, que l'on doit enfoncer dans le conduit auditif externe
de la personne qui est soumise à l'examen, de l'autre par
un oculaire B. Le tube porte vers son milieu un ajutage
latéral A, évasé en forme de cône et devant lequel doit se
placer la source lumineuse destinée à éclairer les parties que
l'on veut observer. En face de cet ajutage, dans l'intérieur

du tube, et incliné à 45° sur l'axe du tube et sur celui de l'ajutage, se trouve un miroir percé en son centre d'une ouverture circulaire. Ce miroir réfléchit vers l'extrémité de l'embout les rayons émanés de la lampe, et l'œil placé derrière l'oculaire aperçoit à travers l'ouverture du miroir les parties qui sont situées en face de l'embout et qui, grâce à la disposition que nous venons d'indiquer, sont convenablement éclairées. Sur le tube de l'otoscope se trouve enfin une fenêtre latérale qui permet l'introduction d'instruments divers. L'embout D peut être remplacé par d'autres plus petits ; les sections terminales des différents embouts joints à l'appareil sont représentées en 1, 2, 3 sur la figure.

3° ÉTUDIER LA DISPOSITION DE L'URÉTHROSCOPE DE DÉSORMEAUX (MODÈLE COLLIN). — L'uréthroscope (fig. 35) se compose, dans ses parties essentielles, d'une sonde, d'un

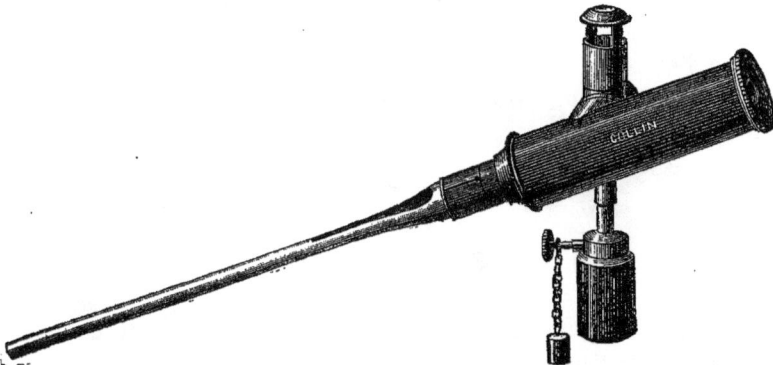

Fig. 35.

tube et d'un appareil d'éclairage. La sonde est rectiligne et creuse ; elle est destinée à maintenir ouvert le canal de l'urèthre ; elle présente une fente longitudinale qui peut donner passage à divers instruments ; elle s'articule avec l'une des extrémités du tube ; à l'autre extrémité du même tube se trouve, soit une petite lunette de Galilée, soit un simple œilleton, suivant que l'on veut ou non grossir les objets à examiner. Un miroir plan disposé dans le tube et incliné à 45° sur son axe réfléchit dans la direction de la sonde les rayons lumineux émanés d'une lampe placée latéralement. Ce miroir est percé en son centre d'une ouverture circulaire, ce qui permet aux rayons provenant des parties éclairées d'arriver jusqu'à l'œil de l'observateur qui regarde dans l'axe du tube. L'appareil d'éclairage consiste en une lampe, un miroir concave dont le centre de courbure coïncide avec le centre de la flamme et qui joue le rôle de réflecteur, et enfin une lentille plan-convexe qui fait converger les rayons lumineux sur les objets situés à l'extrémité de la sonde. La lampe et le tube qui porte la sonde sont reliés par deux tubes entrant à frottement l'un dans l'autre, de telle sorte que l'on peut donner à l'axe de la sonde telle inclinaison que l'on veut sur l'horizon, tout en laissant la lampe verticale.

Remarque. — L'uréthroscope peut servir pour l'examen de toutes les cavités internes qui sont en communication avec l'extérieur par un orifice ou un canal rectiligne très étroit ; c'est pour cela qu'on le désigne souvent sous le nom d'*endoscope*.

NEUVIÈME MANIPULATION.

1° DU MICROSCOPE ET DE QUELQUES INDICATIONS RELATIVES AU MANIEMENT DE CET INSTRUMENT. — On a déjà vu, dans la cinquième manipulation (pag. 65) que le microscope peut être considéré, au point de vue théorique, comme constitué uniquement par un système de deux lentilles. La lentille *objective* donne de l'objet, qui doit être placé un peu au delà de son foyer principal, une image réelle, agrandie et renversée ; c'est cette image que l'œil regarde à travers la lentille *oculaire*, qui fait fonction de loupe. En réalité, entre

l'objectif et l'oculaire se trouve, comme nous l'avons indiqué, une troisième lentille dite de *champ* ; cette lentille est
montée sur le même tube que l'oculaire. De plus l'objectif
est en général composé, non d'une seule lentille, mais de
deux ou trois au moins. Ces lentilles, soigneusement achromatisées, sont très rapprochées les unes des autres et sont
disposées de manière à détruire les aberrations aussi complètement que possible.

L'objectif et l'oculaire forment la partie optique du microscope, il nous
reste à parler de la
partie mécanique :
Une colonne, reliée
à un pied massif
par l'intermédiaire
d'une articulation
qui lui permet de
tourner autour d'un
axe horizontal, porte
les différentes pièces
de l'instrument (fig.
36). Ce sont d'abord
deux tubes concen-
triques s'emboîtant
l'un dans l'autre et
constituant un sys-
tème, appelé *corps*
du microscope, qui
peut s'allonger ou se
raccourcir à volonté.
L'un de ces tubes
peut recevoir un

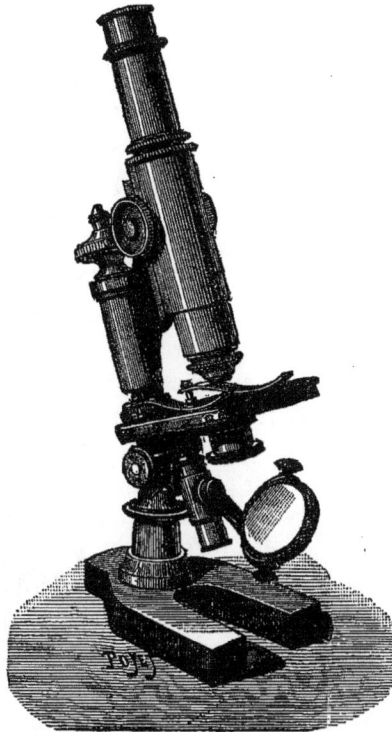

Fig. 36.

oculaire à sa partie supérieure, tandis qu'un objectif peut se
visser à l'extrémité inférieure de l'autre. L'ensemble des
deux tubes peut glisser, soit à frottement, soit par l'intermédiaire d'une crémaillère et d'un pignon, dans une gaine de

laiton reliée à la colonne qui sert de support aux diverses
parties de l'instrument. Cette gaîne elle-même peut s'élever ou s'abaisser en entraînant dans ses mouvements le
corps du microscope; ses déplacements sont toujours très
lents et sont produits par la rotation d'une vis dont la
tête se trouve à la partie supérieure de la colonne dont
nous venons de parler. Au-dessous du corps du microscope, et toujours fixée à la même colonne, se trouve la
platine, sorte de plate forme percée d'une ouverture circulaire en son centre et destinée à supporter les objets
soumis à l'observation. Deux petites pinces à ressort (*pinces
valets*) maintiennent ces objets en place. Au-dessous de
l'ouverture de la platine peuvent se fixer, dans une monture
métallique, soit des diaphragmes de formes diverses, soit, si
on le juge nécessaire, un système de lentilles disposées de
façon à concentrer sur la préparation la lumière réfléchie par
un petit miroir que l'on aperçoit sur la figure à la partie inférieure de l'instrument. Ce miroir est mobile dans tous les
sens, ce qui permet de lui donner une orientation convenable; il y a en général deux miroirs accolés dos à dos;
l'un est plan, l'autre concave. Les objets opaques s'éclai-
rent par dessus à l'aide d'une large lentille convergente.

Pour se servir du microscope il faut d'abord réfléchir,
à l'aide du miroir plan ou du miroir concave, la lumière d'une
lampe ou des nuées dans l'axe des deux tubes qui constituent le corps de l'instrument. Pour cela, on dévisse l'objectif, on enlève l'oculaire et, regardant à travers les deux
tubes, on fait tourner le miroir jusqu'à ce que sa surface
paraisse brillante. Avec un peu d'habitude on parvient très
facilement à bien orienter son miroir sans dévisser l'objectif
et sans enlever l'oculaire. L'éclairage étant satisfaisant et la
préparation à examiner étant placée sur la platine, on fait
varier la position du corps du microscope dans sa gaîne
en l'élevant ou l'abaissant, jusqu'au moment où l'on commence à apercevoir l'objet à peu près nettement. Les
déplacements du corps du microscope sont toujours assez

rapides dans ces conditions, et l'on ne peut, par suite, obtenir ainsi qu'une mise au point approximative. On agit alors sur la vis micrométrique que l'on fait tourner dans un sens ou dans l'autre, de façon à éloigner ou à rapprocher l'objectif de l'objet jusqu'à ce que l'on ait rendu aussi nets que possible tous les détails de l'image.

Les objets à examiner doivent être déposés sur une lamelle de verre assez épaisse qu'on appelle *porte-objet* ; ils doivent être recouverts d'une lamelle très mince qui porte le nom de *couvre-objet* ; ils doivent en outre être placés dans un milieu convenablement choisi. Si l'objet se trouve dans un milieu dont la réfrangibilité diffère considérablement de la sienne, ses contours seront obscurs; mais ils le seront d'autant moins que l'indice de réfraction de l'objet et du milieu qui l'entoure seront plus voisins. Si ces deux indices sont égaux, les contours de l'objet ne seront plus visibles et on ne distinguera pas d'autres détails que ceux qui pourront provenir de la coloration de l'objet ; encore faudra-t-il que cette coloration ne soit pas la même que celle du milieu. On constatera ici des différences d'aspect dues aux différences de réfrangibilité des milieux, en examinant successivement un même objet : 1° placé directement entre les deux lamelles sans addition de liquide, 2° baignant dans l'eau, 3° plongé dans la glycérine.

Remarques.—Lorsqu'on fait une préparation microscopique et qu'on veut recouvrir l'objet baigné dans une goutte de liquide (eau, glycérine, etc.) d'une lamelle couvre-objet, il faut saisir délicatement celle-ci avec des pinces, la plonger par un de ses bords dans la goutte de liquide, l'incliner lentement et la laisser ensuite tomber sur le porte-objet ; on arrive facilement ainsi à ne point emprisonner de bulles d'air entre les deux lamelles.

On peut déterminer approximativement l'état de son accommodation pendant l'observation au microscope en opérant comme suit : On place à côté du microscope, à

gauche par exemple, une feuille de papier que l'on dispose au niveau de la platine ; on tient l'œil gauche fermé
ou on le recouvre avec la main, tandis qu'on regarde avec
l'œil droit dans l'axe de l'instrument ; on met au point
l'image de la préparation qui se trouve sur la platine, et l'on
fixe un objet assez petit, facilement reconnaissable et situé
aussi exactement que possible au centre du champ. Ouvrant
alors l'œil gauche ou le découvrant rapidement, on voit
l'objet se projeter, soit en un point de la feuille de papier,
soit en un point de la platine ou du corps de l'instrument.
Si l'objet se projette au centre même de la platine, c'est que
l'œil qui regarde la préparation est accommodé pour la distance de la platine; cet œil est accommodé pour une distance
plus grande si l'objet se projette du même côté par rapport
au centre de la platine que l'œil découvert ; et il est accommodé par une distance d'autant plus grande que l'objet se
projette plus loin de l'ouverture centrale de la platine. Si
enfin, au moment où l'on découvre l'œil gauche, l'objet
se projetait sur le corps même du microscope, cela signi-
fierait que l'œil droit est accommodé pour une distance
moindre que celle qui le sépare de la platine. Toutefois ces
considérations ne sont exactes que dans le cas où l'observateur accommode pour le point où ses axes visuels convergent ; il en est ordinairement ainsi, et l'on accommode
en général inconsciemment pour ce point, à moins que l'on
ne soit strabique ou que l'on ne soit parvenu à se rendre
maître de son accommodation par des exercices préalables.
Il faut en outre que la droite qui passe par le centre de
rotation des deux yeux de l'observateur soit parallèle au
plan de la feuille de papier et de la platine. C'est là une
condition qu'il est assez facile de réaliser au moins approximativement. En adoptant quelques dispositions spéciales
sur lesquelles nous n'insisterons pas ici, on peut déterminer assez exactement par cette méthode, qui est due à
M. Henri Imbert, l'état d'accommodation de l'œil pendant
les observations au microscope.

2° Mesure du grossissement d'un microscope et du diamètre réel des objets par le procédé de la chambre claire. — Nous rappellerons que l'on entend par grossissement d'un microscope ou d'un instrument grossissant quelconque le rapport qui existe entre l'image rétinienne de l'objet examiné à travers l'instrument et l'image rétinienne de ce même objet vu à l'œil nu dans les meilleures conditions, c'est-à-dire lorsqu'il est placé au punctum proximum de l'observateur. Ce rapport est égal à celui des angles visuels sous lesquels on voit l'image fournie par l'instrument et l'objet placé au proximum. Si l'on confond ces angles avec leurs tangentes, le grossissement G sera représenté par la formule :

$$ G = \frac{I}{d} : \frac{O}{D} = \frac{I}{O} \cdot \frac{D}{d} $$

dans laquelle I représente la grandeur de l'image donnée par l'instrument grossissant, d la distance à laquelle se trouve cette image, O la grandeur de l'objet et D la distance du punctum proximum de l'observateur. Toutes ces valeurs doivent naturellement être exprimées en unités du même ordre.

On voit, d'après ce qui précède, qu'il suffit pour déterminer le grossissement d'un microscope de prendre un objet de dimensions connues O, de mesurer la grandeur I de l'image que le microscope donne de cet objet et la distance d qui sépare le point où se forme cette image de l'œil qui la regarde. Si l'observateur connaît en outre la distance de son proximum à son œil, il aura tous les éléments nécessaires pour déduire de la formule précédente la valeur du grossissement, valeur qui sera évidemment variable d'un observateur à un autre, puisqu'elle dépend de la distance du punctum proximum de l'œil qui regarde.

On se servira, pour mesurer le grossissement d'un microscope, d'une chambre claire et d'un micromètre objectif.

La *chambre claire* est un petit appareil qui permet de

reporter sur une feuille de papier placée à côté de l'instrument l'image de l'objet qui se trouve sur la platine. On voit ainsi simultanément le papier et l'image. On a imaginé, pour obtenir ce résultat, un grand nombre de dispositions que nous n'avons pas à décrire ici. Les chambres claires sont en général portées par un collier qui peut embrasser la partie supérieure du corps du microscope ; elles sont reliées à ce collier par une articulation qui permet de les rejeter en dehors de l'axe de l'instrument lorsqu'on veut introduire l'oculaire dans le tube destiné à le recevoir, ou de les amener directement au-dessus de cet axe lorsque l'oculaire est en place.

Le *micromètre objectif* est constitué par un petit disque de verre sur lequel sont gravés des traits équidistants et qui est enchâssé dans une petite lame de métal. Chaque division équivaut en général à un centième de millimètre ; on construit pourtant des micromètres dans lesquels le millimètre est divisé en 500 ou 1000 parties égales.

On place d'abord le micromètre sur la platine du microscope ; on met au point ; c'est là une opération assez délicate, et il est parfois difficile aux débutants, surtout avec de forts objectifs, de trouver les divisions du micromètre. Il est bon pour y arriver d'imprimer au micromètre de petits déplacements sur la platine pendant que l'on abaisse très lentement le corps du microscope ; on finit dans ces conditions par voir passer dans le champ les divisions plus ou moins estompées ; on cesse alors d'abaisser le corps du microscope ; on fixe le micromètre avec les pinces valets de façon que les divisions soient bien au milieu du champ, et on achève la mise au point qui ne présente plus aucune difficulté. Lors de la recherche des divisions du micromètre, les poussières qui se trouvent constamment sur le petit disque de verre où sont tracées ces divisions sont aussi d'une grande utilité ; leur apparition dans le champ indique en effet que l'objectif occupe sensiblement la position pour laquelle les divisions sont visibles ; on doit donc à partir de ce moment ne déplacer le corps du microscope qu'avec une extrême lenteur.

Lorsqu'on est parvenu à mettre exactement au point les divisions du micromètre, on enlève l'oculaire, on fixe la chambre claire sur le microscope, on remet l'oculaire en place, et on amène la chambre claire au-dessus de l'axe de l'instrument. On étend enfin à côté du microscope une feuille de papier blanc disposée de telle sorte que l'œil de l'observateur qui regarde dans l'instrument aperçoive sur cette feuille l'image des divisions du micromètre. Il faut mettre la feuille de papier à la même distance de l'œil que l'image en question. Pour arriver à ce résultat, on commence par tracer sur la feuille de papier quelques traits parallèles aux divisions du micromètre ; puis, cette feuille étant située à une distance quelconque, on déplace légèrement l'œil au-dessus de la chambre claire, tout en observant le sens du déplacement de l'image des divisions du micromètre par rapport aux traits tracés sur le papier. Si, pendant que l'œil se déplace dans un sens, l'image des divisions paraît se déplacer en sens contraire de l'œil par rapport aux traits, la feuille de papier est trop éloignée ; elle est trop rapprochée si c'est l'inverse. On cherche donc, en rapprochant ou éloignant cette feuille suivant le cas, une position pour laquelle aucun des deux effets précédents (effets de parallaxe) ne se produise. Lorsque cette condition est réalisée, l'image et le papier sont dans le même plan, et la distance du papier au premier point nodal de l'œil de l'observateur (ce point est situé à 7^{mm} environ en arrière de la cornée) fait connaître la distance d de l'image à ce même point ; il faut toutefois, dans l'évaluation de cette distance d, tenir compte de la marche des rayons lumineux à travers la chambre claire.

Pour déterminer maintenant la grandeur I de l'image, on dessine avec la pointe d'un crayon, sur la feuille de papier, l'image des divisions du micromètre, et on mesure ensuite directement sur le papier, avec une règle divisée en milli-

12

mètres, l'espace occupé par un certain nombre n de divisions du dessin ainsi obtenu. En divisant cet espace par n, on a en millimètres la grandeur I d'une division du dessin. Cette division est l'image d'un objet de grandeur connue : $0 = 0^{mm},01$ si le micromètre est au centième. On aura donc toutes les données nécessaires pour calculer le grossissement d'après la formule ci-dessus, si l'on a déterminé au préalable la distance D de son punctum proximum au premier point nodal de son œil.

Il n'est pas nécessaire de prendre toutes les précautions que nous venons de recommander, pour mesurer avec une exactitude suffisante le diamètre réel d'un objet par le procédé de la chambre claire. Il suffit en effet dans ce cas de placer la feuille de papier à une distance quelconque de l'œil, au niveau de la platine du microscope par exemple, et de dessiner sur cette feuille, comme nous l'avons indiqué, les divisions du micromètre ; puis, sans toucher à la feuille de papier, on remplace le micromètre par l'objet dont on cherche les dimensions ; les choses étant convenablement disposées, l'image de l'objet vient se superposer au dessin des divisions ; on dessine cette image, et le nombre de divisions qu'elle occupe représente en centièmes de millimètre, si le micromètre est au centième, le diamètre réel de l'objet. Si l'image ne recouvre pas un nombre entier de divisions du dessin, on mesurera comme précédemment, avec une règle divisée en millimètres, l'espace occupé par un certain nombre de ces divisions ; on en déduira la valeur en millimètres de chacune des divisions de l'image du micromètre; soit $2,^{mm}2$ cette valeur; on mesurera en millimètres le diamètre de l'image de l'objet, et, en divisant le nombre ainsi trouvé par 2,2, on aura le diamètre réel de l'objet, exprimé en centièmes de millimètre si le micromètre est au centième.

3° MESURE DU DIAMÈTRE RÉEL DES OBJETS PAR LE PROCÉDÉ DU MICROMÈTRE OCULAIRE. — Le micromètre oculaire est une petite lame de verre divisée ordinairement en dixièmes de millimètre et portée par le même tube que l'oculaire. Ce micromètre occupe souvent dans les oculaires micrométriques une position fixe entre la lentille oculaire et le verre de champ; mais il vaut mieux qu'il soit placé à une distance de cette première lentille variable au gré de l'observateur ; on peut ainsi, en annulant les effets de parallaxe, l'amener exactement dans le plan où se forme l'image que l'objectif et le verre de champ donnent de l'objet que l'on regarde.

Pour mesurer par ce procédé le diamètre réel d'un objet, on place sur la platine du microscope le micromètre objectif, et on se sert comme oculaire d'un oculaire micrométrique. On cherche, en opérant comme dans le cas précédent, à voir au milieu du champ du microscope les divisions du micromètre objectif. (Il ne faut pas confondre ces divisions avec celles du micromètre oculaire ; celles-ci suivent les mouvements de rotation qu'on peut imprimer à l'oculaire autour de son axe.) Lorsqu'on est parvenu à mettre exactement au point les divisions du micromètre objectif, on fait tourner celles du micromètre oculaire de façon à les placer parallèlement à la direction des premières ; et, le micromètre oculaire ayant été amené exactement dans le plan de l'image du micromètre objectif, on compte le nombre de divisions de l'un des micromètres qui coïncide exactement avec un certain nombre de divisions de l'autre. Il est bon de compter un assez grand nombre de divisions, sans toutefois trop s'écarter du milieu du champ ; on obtient ainsi une plus grande approximation. Supposons par exemple que $n = 15$ divisions du micromètre objectif recouvrent exactement $n' = 25$ divisions du micromètre oculaire, cela signifiera que $n' = 25$ divisions du micromètre oculaire équivalent à 15 centièmes de millimètre ; une seule division du même micromètre correspond donc à $\frac{n}{n'} = \frac{15}{25} = \frac{3}{5}$ de centième de millimètre. La valeur des divisions du micromètre oculaire étant ainsi déterminée, on remplace le micro-

mètre objectif par l'objet dont on veut mesurer le diamètre réel ; on met de nouveau au point, et, après avoir
amené de nouveau le micromètre oculaire dans le plan
de l'image de l'objet, on compte le nombre de divisions
de ce micromètre que recouvre l'image. Soit $n'' = 15$
ce nombre ; le diamètre cherché sera égal à $n'' \times \dfrac{n}{n'}$ ou,
dans l'exemple choisi, à $\dfrac{15 \times 3}{5} = 9$ centièmes de millimètre.

Remarque. — On peut dresser une fois pour toutes un
tableau des valeurs des divisions du micromètre oculaire
pour les différents objectifs d'un microscope. Il suffit
dans ce cas, pour mesurer le diamètre réel d'un objet, de
chercher le nombre de divisions du micromètre oculaire
que recouvre l'image de cet objet, et de multiplier le nombre ainsi trouvé par la valeur de la division du micromètre,
indiquée sur le tableau comme correspondant à l'objectif
employé. Il faut seulement avoir soin de se placer constamment dans les mêmes conditions, car les valeurs
trouvées pour les divisions d'un même micromètre oculaire
dépendent non seulement de l'oculaire dans lequel il est
placé (à cause de la lentille de champ) et de l'objectif
employé, mais encore de la distance de l'oculaire à l'objectif, distance que l'on peut, on le sait, faire varier à
volonté en tirant ou enfonçant plus ou moins l'un dans
l'autre le tube qui porte l'oculaire et celui sur lequel se
visse l'objectif. Le mieux est de dresser un tableau des
valeurs des divisions du micromètre avec les différents
objectifs, dans les cas de tirage maximum et de tirage minimum des deux tubes, et d'observer toujours l'objet dont
on voudra mesurer la grandeur réelle, en tirant à fond les
deux tubes ou en les enfonçant complètement l'un dans
l'autre.

4° NUMÉRATION DES GLOBULES ROUGES DU SANG AVEC
L'HÉMATIMÈTRE DE HAYEM ET NACHET. — L'hématimètre

de Hayem et Nachet se compose : d'une lame de cuivre
percée en son centre d'une ouverture circulaire et présentant sur sa face supérieure deux ressorts en acier ; d'un
tube également en cuivre qui se visse au-dessous de la
lame dans son ouverture centrale, et qui contient un système de lentilles et une lame de verre sur laquelle est
gravé un quadrillé ; enfin, d'une cellule formée par une
lame de verre épaisse de $\frac{1}{5}$ de millimètre, perforée en son
centre et collée sur une lame de même substance plus
épaisse et bien plane ; une petite lamelle également en
verre est destinée à recouvrir cette cellule qui se place
sur la lame de cuivre, où elle est retenue par les ressorts
en acier. A ces différentes pièces il faut ajouter encore :
une petite pipette graduée en millimètres cubes et munie
d'un tube en caoutchouc par lequel on aspire le sang ; une
pipette plus grande portant les divisions $\frac{1}{2}$, $\frac{1}{4}$ qui correspondent à $\frac{1}{2}$ et à $\frac{1}{4}$ de centimètre cube ou à 500 et 250
millimètres cubes ; enfin, une petite éprouvette en verre,
à pied en cuivre, et un agitateur en forme de palette.

Pour faire une numération de globules, on se sert
simultanément de l'hématimètre et d'un microscope quelconque muni d'un objectif à *long foyer*. On commence par
régler le miroir du microscope de façon que le champ
de l'instrument soit convenablement éclairé. On introduit
alors dans l'ouverture centrale de la platine, sans déplacer le microscope ni le miroir, le tube qui porte le quadrillé et qu'on a dû préalablement visser sous la lame de
cuivre de l'hématimètre. Les lentilles de ce tube donnent,
sur le fond de la cellule placée au-dessus de la lame de
cuivre, une image réduite du quadrillé, image qui représente un carré de $\frac{1}{5}$ de millimètre de côté, divisé en 16
petits carrés ; on met au point cette image, et on l'amène
au milieu du champ du microscope en faisant glisser la

lame de cuivre sur la platine ; puis on fixe cette lame à
l'aide des pinces valets. Cela fait, on s'occupe de prépa-
rer avec le sang dont on veut compter les globules une
solution de titre connu et suffisamment étendue pour que
la numération soit facile. Le liquide qui sert à diluer le
sang a la composition suivante :

Eau distillée.................	200 gram.
Chlorure de sodium pur.......	1 —
Sulfate de soude pur..........	1 —
Bichlorure de mercure.......	0,50

On prend avec la grande pipette 500 millim. cubes de
ce sérum artificiel que l'on verse dans la petite éprouvette;
puis on fait, avec une aiguille rendue aseptique par un
flambage préalable, une piqûre dans la pulpe du petit doigt
du sujet dont on veut examiner le sang. Dès que le sang
sort par la piqûre en quantité suffisante, on en aspire, avec
la petite pipette munie du tube en caoutchouc, 2 millim.
cubes que l'on porte dans l'éprouvette contenant le sérum.
Il faut opérer rapidement afin d'éviter l'épaississement du
sang à l'air ; il faut en outre avoir soin, après avoir chassé
en soufflant le sang de la pipette dans l'éprouvette, d'as-
pirer un peu de sérum dans cette même éprouvette et de
l'y rejeter, et cela à plusieurs reprises, afin de nettoyer
aussi bien que possible la pipette des globules qui pourraient adhérer à ses parois[1]. On mélange ensuite bien
intimement, en faisant rouler entre ses doigts l'agitateur
en forme de palette, le sang et le sérum contenus dans
l'éprouvette, et on dépose une grosse goutte du mélange
au milieu de la cellule que l'on a dû pour cela placer bien
horizontalement sur une table ; immédiatement après, on
laisse tomber d'une faible distance, doucement et d'aplomb,

[1] Il faudra nettoyer les pipettes dès qu'on aura fini de s'en servir. On
devra nettoyer avec de l'eau distillée celle qui sert à prendre le sérum
artificiel ; l'autre, celle avec laquelle on recueille le sang devra être
nettoyée successivement avec une solution de soude, de l'eau distillée,
de l'alcool ; on la séchera ensuite avec soin.

sur la goutte, la lamelle couvre-objet. On humecte ensuite avec un peu de salive deux des bords opposés
de la lamelle, et on appuie légèrement sur ses quatre
coins de manière que la salive, en pénétrant par capillarité
au-dessous d'elle, forme une mince couche qui ferme
hermétiquement l'espace où se trouve la goutte du
mélange et s'oppose ainsi à son évaporation. Il est impor-
tant de n'imprimer aucun mouvement de glissement à la
lamelle pendant cette opération. La préparation est réussie
lorsque la goutte de sang dilué est en contact avec la
lamelle sur une étendue suffisante et est entourée d'un
anneau d'air complet ; il faut en outre qu'il n'y ait pas
entre la lamelle et la plaque sur laquelle elle repose de
grains de poussière de dimensions appréciables. Quand ces
conditions sont réalisées, on porte la cellule avec précaution sur la plaque de cuivre fixée sur la platine du microscope, après avoir eu soin de relever suffisamment l'objectif
pour qu'il ne risque pas de déplacer la lamelle couvre-
objet. On met de nouveau au point l'image du quadrillé ;
les globules, s'étant déposés sur le fond de la cellule sur
lequel vient se faire cette image, seront au point en même
temps qu'elle. On compte alors le nombre des globules
rouges enfermés dans le grand carré que l'on aperçoit au
milieu du champ ; la division de ce carré en 16 plus petits
facilite cette numération. Il faut avoir soin de ne compter
que la moitié des globules qui sont à cheval sur la ligne
extérieure du grand carré. On recommence la même opération en cinq ou six endroits différents de la préparation,
en faisant glisser la cellule sur la plaque de cuivre. On
prend la moyenne n des nombres ainsi obtenus ; n représente le nombre des globules rouges contenus dans un cube
de $\frac{1}{5}$ de millimètre de côté. Un millimètre cube renferme
125 cubes de $\frac{1}{5}$ de millimètre de côté ; il faudra donc
multiplier n par 125 pour avoir le nombre des globules

contenus dans un millimètre cube du mélange examiné. De plus, comme on a compté les globules dans du sang dilué, il faudra, pour connaître le nombre N des globules rouges contenus dans un millimètre cube de sang pur, multiplier 125 n par le degré de dilution. La grande pipette ayant, en général, 6 millim. cubes de mouillage a donné 494 millim. cubes de sang, au lieu de 500 qu'indique sa graduation ; à ces 494 millim. cubes on a ajouté 2 millim. cubes de sang ; le degré de dilution est donc exprimé par $\dfrac{494 + 2}{2} = 248$, et l'on aura par suite pour le nombre de globules cherché :

$$N = n \times 125 \times 248 = 31,000\ n$$

5° DOSAGE DE L'HÉMOGLOBINE DANS LE SANG (a) A L'AIDE DU CHROMOMÈTRE D'HAYEM PAR LE PROCÉDÉ DES TEINTES COLORIÉES. — L'appareil chromométrique d'Hayem consiste en une double cellule formée par deux anneaux de verre à surface extérieure dépolie qui sont collés côte à côte sur une lame de verre, et en une échelle de teintes constituée par des rondelles de papier convenablement coloriées qui sont collées sur des feuilles de papier blanc. La lame qui porte les cellules doit être placée horizontalement sur une table, en face et à quelques mètres de distance d'une fenêtre bien éclairée et exposée au nord (la lumière la plus favorable est celle que donne un ciel couvert de nuages blancs ou légèrement gris). On commencera par verser dans chaque cellule, avec la grosse pipette de l'hématimètre, 500 millimètres cubes d'eau distillée ; puis on pratiquera, à l'aide d'une aiguille rendue aseptique par un flambage préalable, une piqûre dans la pulpe du petit doigt du sujet dont on veut examiner le sang. On aspirera, avec la petite pipette de l'hématimètre, 2 à 4 millimètres cubes de sang que l'on ajoutera dans l'une des deux cellules ; on remuera aussitôt le mélange avec beaucoup de précautions, en se servant d'une baguette de verre et en prenant bien garde de ne pas projeter de liquide en dehors de la cellule. On fera alors passer successivement au-dessous de la cellule qui ne contient que de l'eau, les différentes rondelles colorées de l'échelle des teintes. Si la teinte la plus claire, n° 1, paraît plus foncée que la solution sanguine, cela signifiera que cette solution est trop diluée ; il faudra donc faire une nouvelle prise de sang après avoir convenablement nettoyé et séché la pipette. Il sera bon pour cela de faire au sujet une seconde piqûre, si le sang s'est coagulé dans la petite plaie de la première.

Lorsque le mélange sanguin aura été effectué en proportions convenables, on trouvera dans l'échelle des teintes une rondelle dont la teinte sera très sensiblement la même que celle de la solution sanguine. Pour s'assurer qu'on ne commet pas d'erreur, on devra comparer cette solution avec la teinte précédente et avec la suivante, et vérifier que la différence est plus grande dans ces deux cas qu'avec la teinte choisie. Supposons que cette teinte soit le n° 4 ; au-dessous de ce numéro se trouve inscrit sur l'échelle le nombre 12,189,684; cela veut dire que le mélange effectué renferme la même quantité d'hémoglobine qu'une solution qui contiendrait 12,189,684 globules sains. Si l'on a ajouté n millimètres cubes de sang dans la cellule, il faudra diviser le nombre trouvé par n pour avoir la richesse globulaire R par millimètre cube du sang examiné, cette richesse étant exprimée en globules sains.

Si, d'autre part, on a déterminé à l'aide de l'hématimètre le nombre N des globules contenus dans 1 millimètre cube du sang du même sujet, on pourra déduire des valeurs de N et de R la richesse individuelle moyenne G d'un globule en hémoglobine, cette richesse étant rapportée à celle du globule sain, prise comme unité. On aura en effet :

$$G = \frac{R}{N}.$$

(b). A L'AIDE DE L'HÉMATOSCOPE D'HÉNOCQUE PAR LE PROCÉDÉ DIAPHANOMÉTRIQUE.— L'hématoscope d'Hénocque est essentiellement constitué par deux lames de verre

de largeur inégale, disposées l'une au-dessus de l'autre ;
la lame inférieure, la plus large, porte gravée sur sa face
supérieure une échelle en millimètres qui s'étend de
0 à 60 ; elle est munie à ses deux extrémités de deux
agrafes en laiton nickelé qui forment deux coulisses dans
lesquelles vient s'engager à frottement doux la lame supérieure. Lorsque cette lame est en place, elle touche la
lame inférieure par une de ses extrémités, tandis que son
autre extrémité est distante de 300 millièmes de millimètre de cette même lame ; l'espace compris entre les deux
lames a donc la forme d'un prisme dont l'angle au sommet
correspond au 0 de la graduation et la base au trait 60.
Pour connaître en un point quelconque la distance des
deux lames en centièmes de millimètre, il suffit de multiplier par 5 la division de l'échelle qui correspond au point
considéré. Une plaque en émail blanc, sur laquelle sont
inscrits les nombres 15, 14.... 5, 4 et une graduation
absolument semblable à celle qui est gravée sur la lame
inférieure de l'hématoscope, est jointe à l'appareil.

Pour déterminer avec l'hématoscope la quantité d'hémoglobine contenue dans le sang, on commence par pratiquer,
avec une aiguille rendue aseptique par le flambage, une
piqûre dans la pulpe du petit doigt de l'individu chez
lequel on veut faire la détermination ; on laisse tomber
5 ou 6 gouttes du sang qui s'écoule de cette blessure,
dans la rainure formée par les deux lames de verre de
l'appareil, du côté où se trouve l'inscription : « Hématoscope d'Hénocque », et on incline les lames de façon que,
par l'action de la pesanteur et par capillarité, le sang pénètre
dans l'espace qu'elles comprennent, espace qu'il doit
remplir complètement. On place ensuite l'hématoscope au-
dessus de la plaque d'émail, de manière à faire coïncider
exactement les deux graduations semblables, et l'on
cherche quel est le plus faible des nombres inscrits sur la
plaque que l'on peut encore lire distinctement à travers
la couche de sang comprise entre les deux lames de verre,

couche dont l'épaisseur et par suite la transparence varient avec le point considéré. Ce nombre fait connaître directement et avec une certaine approximation la quantité d'hémoglobine contenue dans 100 gram. du sang examiné.

·6° DÉTERMINATION DE LA QUANTITÉ DE MATIÈRE COLORANTE CONTENUE DANS UNE SOLUTION A L'AIDE DU COLORIMÈTRE DE DUBOSCQ. — Le colorimètre de Duboscq (fig. 37) se compose de deux cuves cylindriques de verre C, C, dont le fond est constitué par une glace à faces parallèles et qui sont fixées l'une à côté de l'autre sur un même support. C'est dans ces cuves que l'on doit verser, comme nous le verrons tout à l'heure, les liquides à comparer. Un miroir plan M placé au-dessous des cuves permet de renvoyer la lumière des nuées dans la direction de leurs axes. Un plongeur T formé par un tube ouvert à son extrémité supérieure et fermé à l'autre par une glace plane est fixé dans l'axe de chacune des cuves C,

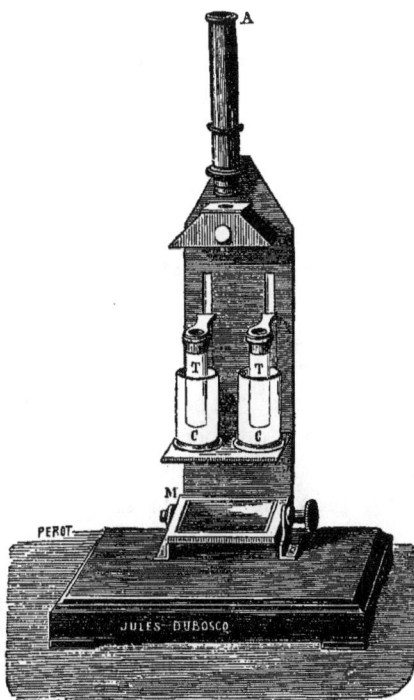

Fig. 37.

mais peut, grâce à une crémaillère et à un bouton qui se trouvent derrière le support de l'instrument, se déplacer verticalement et par conséquent s'enfoncer plus ou moins dans les cuves C. La distance du fond de chaque plongeur au fond de chaque cuve et, par suite, l'épaisseur de chaque liquide interposé sur le trajet de la lumière sont indiquées à chaque instant par la position d'un index sur une échelle graduée en millimètres. Les deux faisceaux lumineux réfléchis par le miroir M, qui ont traversé les liquides colorés et les tubes plongeurs, rencontrent dans leur marche ascendante deux parallélépipèdes de verre qui les ramènent au contact; si bien qu'en regardant dans la lunette A placée immédiatement au-dessus des deux parallélépipèdes, on voit dans le champ de l'instrument un disque lumineux partagé en deux parties égales par une fine ligne noire et dont chaque moitié correspond au faisceau transmis à travers le liquide qui se trouve du côté opposé à la moitié du disque considérée.

Lorsqu'on voudra se servir du colorimètre de Duboscq, on devra commencer par essuyer soigneusement les glaces qui forment le fond des cuves C et des plongeurs T; puis, les cuves étant vides, on disposera l'appareil sur une table, en face d'une fenêtre bien éclairée; regardant alors à travers l'oculaire, on mettra la lunette au point, et on orientera l'appareil et le miroir de façon que les deux demi-disques que l'on aperçoit dans le champ aient exactement la même intensité lumineuse. Ce résultat obtenu, on ne devra plus modifier ni la position du colorimètre ni la direction du miroir. Le fond des plongeurs étant amené au contact du fond des cuves, on versera avec un petit entonnoir dans l'une des cuves la solution colorée dont on veut doser la matière colorante, et dans l'autre, une solution faite avec le même liquide et la même substance colorante que la solution essayée, mais de titre connu. On soulèvera le plongeur du côté de cette dernière solution, de manière à donner une épaisseur convenable e au liquide que doit traverser la lumière avant de pénétrer dans la lunette. Si la solution de titre connu a été choisie, comme nous l'avons fait ici, plus foncée que la solution à doser, il faut que l'épaisseur *e* ne soit pas trop grande ; sans quoi on ne pourrait parvenir à donner à la deuxième solution, même en soulevant complètement le plongeur qui lui correspond, une épaisseur suffisante pour qu'elle exerce sur les rayons lumineux la même action absorbante que la première. Les choses étant disposées comme nous venons de l'indiquer, on placera l'œil au-dessus de l'oculaire de la lunette, et on soulèvera lentement le second plongeur jusqu'à ce que les deux moitiés du disque que l'on aperçoit dans le champ paraissent avoir exactement la même teinte. Quand il en sera ainsi, on lira sur la graduation l'épaisseur *e'* du liquide à doser, qui se trouve comprise entre le fond de la cuvette et le fond du plongeur. Il sera bon de recommencer plusieurs fois la même opération afin de contrôler le nombre trouvé, et de s'assurer, chaque fois qu'on aura réalisé l'égalité de teinte des deux demi-disques, que de faibles déplacements du plongeur dans un sens ou dans l'autre détruisent cette égalité. Il ne faut en outre jamais regarder plus de dix secondes de suite dans la lunette, parce que l'œil se fatigue rapidement et ne saisit bientôt plus de légères différences de teintes. Soient donc *e* et *e'* les épaisseurs des deux solutions qui produisent l'égalité de teinte ; le rapport $\frac{e}{e'}$ de ces épaisseurs est en raison inverse des quantités de substance colorante contenues dans ces solutions ; car l'on peut admettre sans erreur sensible que, lorsque la teinte est la même, le pouvoir absorbant de chacun des liquides, pouvoir qui est proportionnel à la quantité de matière dissoute dans l'unité de volume, est en raison inverse de l'épaisseur de ce liquide traversée par la lumière. Si donc *p* est le poids de la substance colorante dissoute dans un volume déterminé de la solution de titre connu, le poids *p'* de cette même substance dissoute dans un même volume de la solution à doser sera donné par l'équation :

$$\frac{p'}{p} = \frac{e}{e'}$$

d'où :
$$p' = p \cdot \frac{e}{e'}$$

Remarque. — On peut se servir du colorimètre de Duboscq pour doser l'hémoglobine dans le sang ; il faut pour cela ajouter un nombre déterminé de millimètres cubes de sang à un volume d'eau connu et un peu inférieur à la capacité de la cuve C ; puis comparer la solution ainsi obtenue avec une solution titrée d'hémoglobine, ou même avec une solution de picrocarminate d'ammoniaque qui permet de réaliser sensiblement la même teinte, ou encore avec un verre coloré convenablement choisi. Il est bon pour ce dosage d'employer des cuves très étroites, afin de rendre aussi minime que possible la quantité de sang qu'il est nécessaire d'enlever au sujet en expérience pour donner à la solution sanguine une coloration suffisante.

DIXIÈME MANIPULATION [1].

Première Partie.

1° DU SPECTROSCOPE. RÉGLAGE DE L'INSTRUMENT. — Le spectroscope (fig. 38) est constitué, dans ses parties essentielles, par un prisme à arêtes verticales placé au centre d'une plate-forme horizontale sur les bords de laquelle sont disposés trois tubes ayant chacun un usage spécial. Le tout est installé sur un pied vertical. Le prisme P, ordinairement en flint, est recouvert d'un tambour T noirci à l'intérieur et percé de trois ouvertures circulaires, en regard desquelles se trouvent respectivement les trois tubes A, B, C. Le tube B, faisant fonction de *collimateur*, porte à son extrémité L une fente verticale dont une vis de rappel permet de faire varier à volonté la largeur ; c'est en face

[1] Cette manipulation se fait dans une des petites salles des Travaux pratiques; un rideau opaque permet de faire l'obscurité dans cette salle.

de cette fente qu'on doit placer la source lumineuse à ana-
lyser M. L'autre extrémité du tube B est munie d'une lentille achromatique convergente dont le foyer principal coïn-

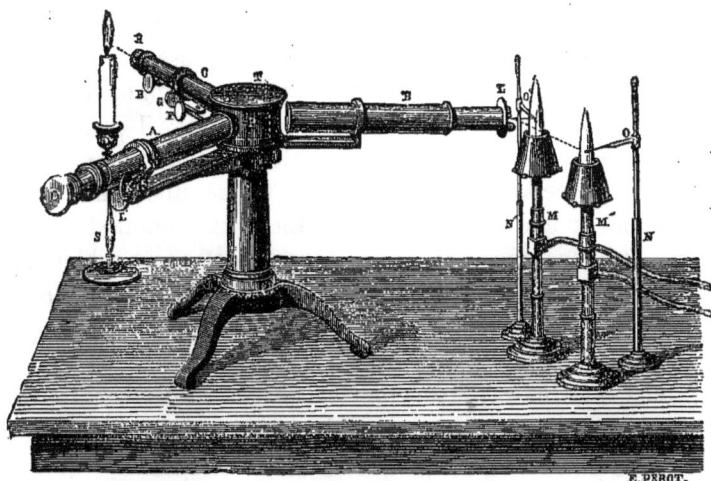

Fig. 38.

cide avec la fente ; cette lentille rend parallèles les rayons
qui ont traversé la fente ; ceux-ci tombent sur le prisme P,
qui les dévie et les disperse ; ils sont ensuite reçus par le
tube A; ce tube n'est autre chose qu'une lunette grossissante
dans laquelle on peut voir une image nette, virtuelle et renversée du spectre de la flamme placée devant la fente. Cette
lunette peut tourner autour d'un axe vertical passant par le
centre de la plate-forme, de sorte que l'on peut examiner
tour à tour les diverses régions du spectre. Le prisme P
est en général mobile autour du même axe, de façon qu'on
puisse l'amener successivement dans la position du minimum de déviation pour les différentes radiations ; mais.
cette position étant approximativement la même pour toutes
les couleurs, le prisme P est souvent fixé dans une position invariable sur la plate-forme qui le supporte[1]. Le

[1] C'est le cas du spectroscope employé ici.

troisième tube C, qui peut lui aussi tourner autour d'un axe vertical, porte à son extrémité R un micromètre horizontal consistant en une photographie sur verre d'une échelle divisée en un grand nombre de parties égales. Ce micromètre est monté dans un petit tube qui glisse à frottement ou par l'intermédiaire d'une crémaillère commandée par le bouton H, dans l'intérieur du tube C; il peut ainsi s'approcher ou s'éloigner à volonté d'une lentille convergente située à l'autre extrémité du même tube. Une lampe ou une bougie S disposée au-devant du micromètre l'éclaire par transparence, et, si le tube C est convenablement orienté, les rayons émanés du micromètre viennent, après avoir traversé la lentille, tomber sur la face du prisme qui regarde la lunette et suivent après réflexion la même route que les rayons dispersés qui vont former l'image spectrale ; ils pénètrent donc dans la lunette, où l'on verra l'image nette des divisions superposée à celle du spectre si l'on a eu soin de placer le micromètre à une distance convenable de la lentille fixée à l'extrémité du tube C.

Pour régler l'appareil on commencera par éclairer la fente du collimateur, soit par la lumière du jour, soit avec une lumière donnant un spectre continu, avec la flamme d'un bec de gaz papillon par exemple, soit encore avec la lumière du sodium, que l'on obtiendra en introduisant dans la flamme non éclairante d'un brûleur Bunsen un petit panier de platine contenant un fragment de chlorure de sodium fondu. On rendra la fente assez étroite en agissant sur la vis de rappel et, plaçant l'œil derrière l'oculaire, on fera tourner la lunette A autour de l'axe de l'instrument jusqu'à ce que l'on aperçoive au milieu du champ la partie moyenne du spectre (le jaune et le vert) ou la raie jaune du sodium suivant le cas ; une vis de pression permettra de fixer la lunette dans cette position. Agissant alors sur le bouton K, on déplacera l'oculaire pour mettre au point l'image spectrale. Si la fente du collimateur est éclairée par la lumière du jour, on mettra au point en

cherchant d'abord à voir dans le spectre des raies noires
verticales (raies de Frauenhofer), puis à rendre ces raies
aussi nettes que possible. Si la fente est éclairée par une
flamme donnant un spectre continu, le mieux est de rétrécir la fente de façon à amener ses deux bords presque au
contact et de déplacer l'oculaire jusqu'à ce que l'on distingue très nettement dans le champ des lignes noires horizontales traversant le spectre dans toute son étendue; ces
lignes sont dues à des poussières qui relient entre eux les
deux bords de la fente. Si enfin on emploie comme source
lumineuse la flamme du sodium, il suffit de mettre exactement au point la raie brillante jaune qui tranche sur le
fond obscur du champ. La position de l'oculaire étant convenablement réglée, on éclaire le micromètre, comme nous
l'avons indiqué, en ayant soin seulement de ne pas placer
au-devant de lui une lumière trop intense ; à l'aide du
bouton F, on oriente le tube C de telle sorte que l'œil regardant à travers l'oculaire aperçoive plus ou moins confuse
l'image des divisions du micromètre ; pour donner à cette
image le maximum de netteté, il ne faut pas toucher à
l'oculaire, mais il faut déplacer le micromètre en l'éloignant ou le rapprochant, selon le cas, de la lentille convergente portée par le même tube que lui. Si l'on veut
rendre comparables entre elles les observations faites à
différentes époques avec un même spectroscope, il faut en
outre amener à chaque réglage le micromètre exactement
dans la même position ; on prend pour cela un repère fixe,
la raie du sodium par exemple, et, après avoir mis au
point les divisions du micromètre en opérant comme nous
venons de le dire, on donne au tube qui porte ce micromètre une direction telle qu'une division déterminée, constamment la même, coïncide exactement avec la raie jaune
du sodium.

Les spectroscopes sont, en général, munis à l'extrémité
L du collimateur B d'un petit prisme à réflexion totale
qui peut se placer au-devant de la fente de façon à recou-

13

vrir la moitié supérieure de cette fente. Cette disposition permet d'observer simultanément et de comparer, par suite, entre eux deux spectres dus, l'un à la flamme d'une source lumineuse M située directement en face de la fente, l'autre à la flamme d'une seconde source M' disposée latéralement et dont les rayons sont réfléchis par le prisme dans l'axe du collimateur. On pourra voir ainsi dans le champ de la lunette l'image de deux spectres horizontaux placés l'un au-dessus de l'autre ; il ne faudra seulement pas oublier, si l'on veut reconnaître à quelle flamme est dû chaque spectre, que l'image est renversée et que, par conséquent, le spectre de M' se trouvera au-dessous de celui de M si, comme nous l'avons supposé, le prisme à réflexion totale recouvre la moitié supérieure de la fente.

Le spectroscope à vision directe est semblable à celui que nous avons décrit ci-dessus, mais il possède, au lieu d'un prisme ordinaire, un prisme (prisme à vision directe) qui est formé par l'accolement de plusieurs prismes, les uns en flint, les autres en crown, et qui disperse la lumière sans la dévier ; le collimateur et la lunette sont donc, dans ce modèle, sur le prolongement l'un de l'autre.

2° ÉTUDE DES SPECTRES D'ÉMISSION DES VAPEURS INCANDESCENTES. — Pour étudier ici les spectres d'émission des vapeurs incandescentes, on placera devant la fente du spectroscope un brûleur Bunsen réglé de telle sorte que sa flamme soit aussi peu éclairante que possible. Cette flamme ne donne pas dans ces conditions de spectre sensible ; on y voit cependant une raie brillante jaune due aux parcelles de sels de sodium qui se trouvent constamment dans l'air (cette raie persiste pendant toute la durée des expériences) ; on y aperçoit aussi parfois les bandes caractéristiques de l'oxyde de carbone ; mais on peut, s'il en est ainsi, se familiariser avec leurs positions et leurs apparences et les reconnaître ensuite facilement chaque fois qu'elles se montrent dans le champ de la lunette. Le brûleur Bun-

sen étant disposé comme nous venons de l'indiquer, il
suffit d'introduire dans sa flamme un fragment d'un sel (en
général un chlorure) alcalin ou alcalino-terreux, pour voir,
si le spectroscope est bien réglé, le spectre caractéristique
du métal dont on examine le sel. Mais, pour introduire le
sel dans la flamme du brûleur, il faut adopter des dispositions et prendre des précautions sur lesquelles nous allons
maintenant insister. Les sels des différents métaux, sodium,
potassium, lithium, thallium, strontium, indium, etc., dont
on doit observer ici les spectres, sont contenus dans de petits
flacons fermés par des bouchons de liège [1] ; dans chaque
bouchon est implanté un fil de platine contourné en forme
de petit anneau à son extrémité libre. Pour prendre avec
l'un de ces fils quelques fragments du sel à examiner, on
mouille légèrement le fil à son extrémité, on le plonge
dans le flacon qui contient le sel, et on le retire avec précaution ; quelques parcelles du sel restent adhérentes au
bout du fil que l'on porte alors dans la partie chaude de
flamme du brûleur. On arrive facilement ainsi à former
une petite perle saline dans l'anneau qui est à l'extrémité
du fil. Ce résultat obtenu, on fixe le bouchon de liège sur
un support analogue à ceux qui sont représentés en N et
N', sur la figure 38. On règle la hauteur de ce support de
façon que l'extrémité du fil de platine soit un peu au-dessous du niveau de la fente du spectroscope ; puis on place
la petite perle saline sur le bord de la flamme, dans la
partie chaude, du côté qui envisage la fente. En regardant
aussitôt à travers l'oculaire de la lunette A, on aperçoit
pendant quelques instants un spectre constitué par des raies
brillantes plus ou moins fines, qui se détachent nettement
sur un fond obscur et dont on peut noter la position sur
le micromètre. On s'assurera, en plaçant successivement
dans la flamme différents sels, que le nombre et la position
de ces raies varient suivant le métal considéré. Les raies

---

[1] Il faut avoir soin de ne jamais changer les bouchons de flacon.

qui constituent le spectre d'un même métal sont au contraire toujours les mêmes ; elles occupent toujours la même position pour un même spectroscope, et on pourra par suite reconnaître un métal d'après son spectre. Toutefois l'aspect de l'image spectrale donnée par un même corps diffère suivant le spectroscope qui fournit cette image ; il faudra donc, si l'on veut rendre comparables les observations faites avec des instruments différents, transformer les indications des micromètres en d'autres qui soient indépendantes de l'appareil employé. Tel est le but de la graduation en longueurs d'onde.

· 3° GRADUATION DU SPECTROSCOPE EN LONGUEURS D'ONDE. — On disposera les choses comme pour l'étude des spectres d'émission ; le spectroscope étant convenablement réglé, et l'une des divisions du micromètre, 100 par exemple, ayant été amenée exactement en coïncidence avec la raie du sodium ou avec le milieu des 2 raies (si le spectroscope dédouble la raie D), on examinera successivement les spectres du potassium, du lithium, du thallium, du strontium et de l'indium, et on notera les divisions du micromètre avec lesquelles coïncident les raies indiquées dans le tableau suivant. Nous avons également inscrit sur ce tableau, en face de chaque raie, la longueur d'onde de la lumière correspondante.

1° Raie rouge du potassium (milieu des 2 raies) $\lambda = 768$ millioniem. de mm.
2° Raie rouge du lithium............. $\lambda = 671$ —
3° Raie verte du thallium............. $\lambda = 535$ —
4° Raie bleue du strontium.... ...... $\lambda = 461$ —
5° Raie bleue de l'indium............. $\lambda = 451$ —

Pour noter exactement les positions de ces raies, on devra chaque fois déplacer la lunette, de façon à amener au milieu du champ la raie que l'on considère. Lorsqu'on aura déterminé pour chaque raie la division du micromètre avec laquelle elle coïncide, on aura tous les éléments nécessaires pour dresser la courbe du spectroscope. On prendra pour cela une feuille de papier quadrillé dont les lignes soient également espacées. On inscrira sur l'une des lignes horizontales qui se trouvent au bas de ce papier, en regard de l'extrémité inférieure des différentes lignes verticales du quadrillé, des chiffres représentant les divisions du micromètre; on inscrira de même sur une ligne verticale, à droite ou à gauche de la feuille, en face des extrémités des différentes lignes horizontales, des chiffres qui représenteront les longueurs d'onde des différentes radiations, ces longueurs d'onde étant exprimées en millionièmes de millimètre. On tracera ensuite la courbe par points : Le premier point sera fourni par la raie du sodium qui correspond à une longueur d'onde de 589 millionièmes de millimètre et que l'on a fait coïncider avec la division 100 du micromètre. On marquera donc un point au point de rencontre de la ligne verticale 100 et de la ligne horizontale 589. On agira de même pour la raie rouge du potassium, pour la raie rouge du lithium, etc., etc., et l'on déterminera ainsi sur le quadrillé autant de points qu'il suffira de joindre par un trait continu pour avoir la courbe demandée. Cette courbe permettra de déterminer, avec une approximation suffisante, la longueur d'onde d'une raie ou d'une région quelconque d'un spectre lumineux, quand on connaîtra la division du micromètre à laquelle correspond cette raie ou cette région. Supposons par exemple qu'on veuille, comme on devra le faire ici, chercher la longueur d'onde de la première raie bleue du cœsium. On cherchera la division n du micromètre avec laquelle coïncide cette raie, et, en face de la ligne horizontale qui passe par le point d'intersection de la courbe avec la verticale n, se trouvera inscrite la longueur d'onde demandée.

4° Étude des spectres d'absorption des solides et des liquides. — Pour étudier les spectres d'absorption des milieux colorés, on devra éclairer la fente du spectroscope avec une lumière donnant un spectre continu, la flamme d'un bec papillon par exemple; puis on interposera le corps absorbant entre la flamme et la fente, sur un support convenablement disposé. S'il s'agit d'un liquide, on l'introduira dans une petite cuve de verre à faces parallèles. On réglera la flamme du bec de gaz de façon que l'intensité de la lumière qu'elle émet soit en rapport avec l'opacité du milieu qu'on examine. Si ce milieu est très fortement coloré, on pourra placer la flamme de champ devant la fente afin d'obtenir un éclairage suffisant de cette fente. On observera dans ces conditions une extinction ou un affaiblissement diffus de certaines régions du spectre. Tous les corps ne donnent pas il est vrai, comme on pourra du reste s'en assurer en plaçant successivement entre la flamme et la fente des verres de différentes couleurs, des spectres à caractères suffisamment tranchés pour les caractériser; mais il existe cependant un grand nombre de substances (surtout parmi les matières colorantes organiques) qui possèdent une image spectrale bien définie, permettant de les reconnaître. Cette image est, en général, constituée par des bandes obscures plus ou moins larges à bords dépourvus de netteté, se détachant sur le fond lumineux du spectre. Le nombre et la position de ces bandes d'absorption varient suivant le milieu observé. L'étendue d'une même bande dépend, pour une même substance, de l'épaisseur sous laquelle on examine cette substance et du degré de dilution si la substance est dissoute dans un liquide inactif.

On étudiera spécialement ici le spectre du sang. On prendra pour cela du sang défibriné et aéré, que l'on étendra d'une certaine quantité d'eau et que l'on filtrera; on commencera par faire ainsi une solution assez concentrée que l'on versera dans une petite cuve à faces parallèles disposée devant la fente du spectroscope. Si le mélange d'eau et de sang a été fait dans des proportions convenables, il ne laissera passer que la partie rouge du spectre; si on l'étend davantage, il laissera bientôt passer un peu de vert, et l'on apercevra dans le champ de la lunette du spec-

troscope une bande rouge et une bande verte séparées par
une bande obscure assez large. Cette bande obscure elle-
même se dédoublera si on continue à diluer le sang, tandis
que la bande lumineuse verte s'élargira en s'étendant surtout du côté du bleu ; le spectre sera alors constitué par
deux bandes obscures situées l'une dans le jaune, l'autre
dans le vert et séparées par une région jaune verdâtre très
brillante, la portion la plus réfrangible du spectre étant
complètement obscure. Cette apparence se modifiera encore si l'on continue à étendre le sang : la région violette
deviendra en effet de plus en plus lumineuse, et les deux
bandes obscures pâliront et se rétréciront; mais leurs milieux conserveront toujours sensiblement la même position.
Ces bandes sont caractéristiques du spectre du sang oxy-
géné ou de l'oxyhémoglobine ; elles permettront donc de
reconnaître la présence de cette substance dans un liquide.
Il existe sans doute différents liquides (solution ammoniacale de carmin de cochenille, solution de carmin
ammoniacal dans l'acide picrique, solution de la matière
colorante du *palmella cruenta*) qui donnent des spectres
fort analogues à celui de l'oxyhémoglobine ; ces spectres
présentent comme ce dernier deux bandes d'absorption
situées à peu près dans les mêmes régions ; mais les positions de ces bandes ne sont jamais exactement les mêmes
que celles des bandes de l'oxyhémoglobine. On s'en assurera ici pour le carmin de cochenille, en comparant, comme
nous l'avons indiqué ci-dessus, les spectres donnés par
deux becs papillons, après que les rayons qu'ils émettent
auront traversé, pour l'un une petite cuve contenant une
solution d'oxyhémoglobine, pour l'autre une seconde cuve
contenant une solution ammoniacale de carmin. Ces becs
devront être disposés comme les brûleurs de la figure 38.
Il sera du reste toujours possible de reconnaître si un
spectre présentant deux bandes obscures dans les régions
de celles de l'oxyhémoglobine est dû ou non à cette substance ; il suffira de déterminer les longueurs d'onde qui

correspondent aux milieux des deux bandes en question et
de voir si les valeurs obtenues sont bien celles des longueurs d'onde des milieux des deux bandes de l'oxyhémoglobine [1].

Ce sont précisément ces longueurs d'onde que l'on devra
déterminer ici. On se servira pour cette détermination de
la courbe précédemment construite. Le spectroscope étant
convenablement réglé et la division 100 du micromètre
ayant été amenée, comme lors de la graduation de l'instrument en longueurs d'onde, en coïncidence avec la raie
jaune du sodium, on éclairera la fente par la lumière du
bec papillon, et on interposera une cuve de verre à faces
parallèles contenant un mélange d'eau et de sang en proportions telles [2] que les deux bandes de l'oxyhémoglobine
apparaissent bien nettes dans l'image spectrale. On notera
aussi exactement que possible la position des extrémités de
chacune de ces bandes, en amenant chaque fois la bande
considérée au milieu du champ de la lunette. Connaissant
les divisions n, n' du micromètre qui correspondent aux
deux bords d'une même bande, il suffira de prendre la
moyenne $\frac{n + n'}{2}$ de ces deux divisions pour avoir la position du milieu de la bande. Les positions des milieux des
deux bandes étant ainsi déterminées, il sera facile de trouver sur la courbe, en opérant comme nous l'avons indiqué
pag. 197, les longueurs d'onde des milieux de ces bandes.

On devra en outre étudier ici certaines réactions faciles
à produire, qui sont caractéristiques de l'oxyhémoglobine :
Les choses étant disposées comme ci-dessus, on versera
dans la petite cuve qui contient la solution sanguine, quelques gouttes de sulfhydrate d'ammoniaque. On verra alors
les deux bandes de l'oxyhémoglobine s'atténuer pendant
que l'intervalle qui les sépare s'obscurcit, et on aura fina-

[1] On devra confirmer son diagnostic par l'étude des réactions indiquées
ci-dessous.

[2] Étant donnée l'épaisseur de la cuve employée ici, il faudra ajouter
à peu près 50 parties d'eau à 1 partie de sang.

lement une bande unique assez large (bande de Stokes) occupant l'espace intermédiaire entre les deux précédentes ; en même temps, l'extrême rouge s'assombrit, et la région bleue devient au contraire plus lumineuse. Ce spectre est caractéristique de l'hémoglobine réduite. On devra chercher la longueur d'onde qui correspond au milieu de la bande de Stokes. Cela fait, on insufflera avec un petit tube en verre de l'air dans la solution sanguine, et, au bout d'un certain temps, l'hémoglobine réduite s'étant transformée en oxyhémoglobine, on observera de nouveau, en regardant à travers la lunette du spectroscope, le spectre à deux bandes de cette dernière substance.

Enfin, on fera passer dans la solution d'oxyhémoglobine un courant d'oxyde de carbone ; le spectre de l'hémoglobine oxycarbonée ainsi obtenue sera très analogue à celui de l'oxyhémoglobine ; seulement les deux bandes d'absorption seront un peu déplacées du côté du rouge. L'action des agents réducteurs permettra de distinguer ces deux substances plus facilement encore que la position des bandes de leurs spectres. L'hémoglobine oxycarbonée n'est pas en effet réduite par le sulfhydrate d'ammoniaque, et son spectre ne peut plus présenter la bande de Stokes.

5° Dosage de l'oxyhémoglobine dans le sang a l'aide de l'hématospectroscope d'Hénocque. — L'hématospectroscope d'Hénocque se compose de l'hématoscope déjà décrit dans la manipulation précédente (pag. 185) et d'un petit spectroscope à vision directe, sans micromètre. On remplira l'hématoscope du sang à examiner, en opérant comme nous l'avons déjà indiqué (pag. 186) ; puis, tenant l'hématoscope de la main gauche et verticalement au-devant de la fente du petit spectroscope, on regardera à travers ce spectroscope dans la direction d'une surface bien éclairée par la lumière du jour, et on fera glisser l'hématoscope devant la fente, de façon à faire passer au-devant d'elle des épaisseurs croissantes de sang. Dans ces conditions, les deux bandes caractéristiques de l'oxyhémoglobine appa-

raissent bientôt ; puis elles se foncent, deviennent également
obscures, s'élargissent, s'estompent sur leurs bords ; l'espace vert qui les sépare se rétrécit de plus en plus,
et finit par disparaître. On note le numéro de la division
qui est en face de la fente au moment où se produit le
phénomène des deux bandes également obscures, et il
suffit de chercher ce numéro sur des tables qui sont jointes
à l'hématospectroscope, pour trouver inscrite en face de
lui la quantité d'oxhyhémoglobine contenue dans 100 gram.
du sang soumis à l'examen. Les résultats ainsi obtenus
sont plus ou moins approchés suivant l'habileté de l'opérateur à juger de l'égalité de teinte des deux bandes
obscures.

Deuxième Partie.

1° DOSAGE DU SUCRE DANS L'URINE (a) A L'AIDE DU SAC-
CHARIMÈTRE DE SOLEIL.—Il importe avant d'essayer l'urine
au saccharimètre, quel que soit d'ailleurs l'appareil employé,
de la débarrasser des matières colorantes qu'elle renferme;
voici comment on devra opérer pour cela : On prendra
200 centimètres cubes d'urine, et on y versera 20 centimètres cubes d'une solution saturée de sous-acétate de plomb;
il se produira un précipité; on filtrera; le liquide filtré
sera en général suffisamment limpide et suffisamment inco-
lore pour qu'on puisse procéder au dosage. S'il n'en était
pas ainsi, on ajouterait à ce liquide filtré le tiers de son
volume de noir animal lavé ; on agiterait pendant quelques
instants le liquide avec la matière décolorante, et on filtrerait
à nouveau. On obtiendrait dans ces conditions un liquide
complètement décoloré. Quoi qu'il en soit, il faudra tenir
compte, lors du dosage, de la dilution (dix pour cent) que
l'on a fait subir à l'urine, et pour cela augmenter de un
dixième la quantité de sucre indiquée par le saccharimètre.
On peut éviter cette correction en examinant l'urine diluée
sous une épaisseur plus grande de un dixième que celle
pour laquelle l'instrument a été gradué. Les saccha-

rimètres sont, en général, munis de deux tubes à liquide, l'un de 20 centimètres de long, l'autre de 22 ; si l'on fait usage de ce dernier, la quantité de sucre trouvée sera bien celle contenue dans l'urine ; si l'on se sert du premier, au contraire, il faudra ajouter, comme nous venons de le dire, un dixième de sa valeur à la quantité trouvée.

Il arrive parfois que l'urine renferme de l'albumine, et, comme celle-ci jouit d'un pouvoir rotatoire considérable, il est nécessaire de l'éliminer. On peut y parvenir en versant avec précaution un peu d'acide acétique dans un volume déterminé d'urine, 100 centimètres cubes par exemple, chauffant à l'ébullition dans un petit ballon et filtrant. On doit ajouter de l'eau distillée au liquide filtré jusqu'à ce qu'il occupe exactement le volume primitif (100 centimètres cubes); mais avant d'ajouter l'eau distillée il faut s'en servir pour laver le ballon et le filtre. Un moyen plus sûr encore pour éliminer toute l'albumine consiste à la précipiter par l'addition d'alcool concentré, en quantité suffisante ; une simple filtration permet de la séparer ensuite ; il faut seulement tenir compte pour l'évaluation de la quantité de sucre contenue dans l'urine de la proportion d'alcool ajouté, ou, si l'on veut éviter cette correction, ramener le liquide par évaporation à son volume primitif.

L'urine étant débarrassée de son albumine, si elle en contient, et étant amenée à un état de limpidité et de décoloration convenables, on pourra procéder au dosage du sucre qu'elle renferme. Le saccharimètre de Soleil, dont on fera d'abord ici usage à cet effet, est représenté dans son ensemble dans la figure 39 ; quelques-unes des pièces de cet instrument sont dessinées isolément sur cette même figure ; enfin, un schéma placé exactement au-dessous du corps du saccharimètre permet de se rendre compte de la position des différents milieux que doit traverser la lumière avant d'arriver à l'œil de l'observateur. En P' (fig. 39 II) se trouve un polariseur, en R un disque biquartz ou lame à deux rotations, en Q une lame de quartz dextrogyre ; entre R et Q

doit se placer le tube à liquide B C (fig. 39 I). Au delà de
Q on aperçoit sur le schéma un compensateur K constitué
par deux lames prismatiques de quartz lévogyre pouvant
glisser l'une sur l'autre et formant un système d'épaisseur
variable ; ces lames sont achromatisées par des prismes de

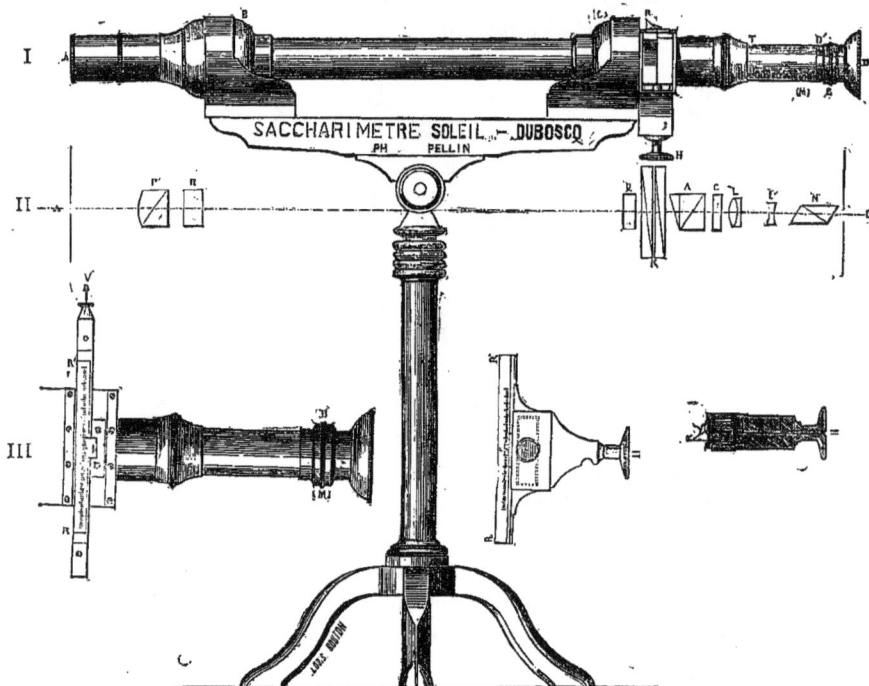

SACCHARIMETRE SOLEIL.— DUBOSCQ
PH　PELLIN

Fig. 39.

verre ; elles sont enchâssées dans des montures métalliques et surmontées, l'une d'une tige d'ivoire graduée R R'
(fig. 39 III), l'autre d'un simple index qui se déplace devant
cette graduation quand on modifie la position des lames.
En A (fig. 39 II) se trouve l'analyseur ; en C, une plaque
de quartz perpendiculaire à l'axe, qui, avec le nicol N,
forme le producteur de la teinte sensible ; enfin LL' est une
lunette de Galilée. Les tubes à liquide qui sont joints au

saccharimètre sont constitués par des tubes en verre entourés d'une enveloppe de cuivre et fermés à leurs extrémités par deux petits disques de verre à faces parallèles. Ces disques sont maintenus en place par des garnitures métalliques se vissant sur le tube et percées en leur centre d'une ouverture circulaire qui donne passage aux rayons lumineux dirigés suivant l'axe du tube.

Pour remplir ces tubes, on dévisse l'une des montures et, après avoir enlevé le petit disque de verre qu'elle maintenait, on verse avec précaution le liquide dans le tube placé bien verticalement, jusqu'à ce que ce liquide affleure à la partie supérieure du tube ; on attend quelques instants, surtout si le liquide est visqueux, pour laisser aux bulles d'air qu'il a emprisonnées dans sa chute le temps de remonter à la surface; on ajoute alors quelques gouttes de liquide de façon à former à l'extrémité du tube un ménisque convexe ; puis, tenant d'une main, entre le pouce et l'index et par les deux extrémités d'un même diamètre, le petit disque de verre qui est destiné à fermer le tube, on fait glisser ce disque sur l'extrémité du tube que l'on tient de l'autre main, en rasant cette extrémité. On s'assure qu'il ne reste pas de bulles d'air au-dessous du disque de verre, et on revisse la monture.

Pour régler le saccharimètre, on commence par disposer au-devant du diaphragme A (fig. 39 I) une source lumineuse, une lampe à gaz par exemple, donnant de la lumière blanche ; le tube à liquide rempli d'eau distillée étant ensuite placé sur l'appareil, on applique l'œil contre l'œilleton D, et on met au point la lunette de Galilée, en enfonçant ou retirant le tube qui porte l'oculaire jusqu'à ce que l'image que l'on aperçoit dans le champ présente son maximum de netteté ; cette image est constituée par un disque lumineux séparé en deux parties égales par une fine ligne noire verticale. On tourne enfin le bouton H qui se trouve à la partie inférieure du compensateur, et l'on fait ainsi varier l'épaisseur de quartz que doit traverser la

lumière avant de pénétrer dans l'œil de l'observateur, de façon
à donner aux deux moitiés du disque une teinte absolument
uniforme. Ce résultat obtenu, on doit, pour s'assurer de son
exactitude, faire tourner l'anneau molleté B M (fig. 39 III)
qui commande le producteur de la teinte sensible, et donner ainsi aux deux demi-disques la teinte la plus sensible
pour l'œil de l'observateur, c'est-à-dire la teinte pour laquelle l'observateur perçoit entre les deux demi-disques
une différence de coloration qui n'était pas visible avec les
autres teintes. Pour le plus grand nombre de vues, cette
teinte est bleue-violacée, elle rappelle la couleur de la fleur
de lin. Mais, comme cette teinte sensible n'est pas la même
pour tous les yeux, il faut que chacun détermine celle qui
lui est propre afin de ne jamais se servir que de celle-là. On
y parviendra en opérant de la façon suivante :

Après avoir établi l'uniformité de teinte des deux demi-
disques pour une couleur quelconque, le jaune par exemple,
on fera tourner lentement le producteur des teintes, et l'on
fera ainsi varier la coloration commune des deux demi-
disques, qui passeront successivement par toute la gamme
des couleurs. On trouvera généralement, dans ces conditions,
une couleur pour laquelle l'égalité préalablement établie
pour le jaune paraîtra ne plus exister ; cette couleur sera
donc plus sensible que le jaune. On rétablira l'égalité de
teinte en agissant sur le compensateur, et on fera de nouveau tourner le producteur des teintes. On pourra trouver
encore une couleur plus sensible que la précédente et arriver, après quelques tâtonnements, à déterminer celle pour
laquelle on percevra les plus légères différences. Il faut
seulement avoir soin, lors de ces recherches, comme du reste
au cours de toutes les déterminations saccharimétriques,
de ne jamais regarder trop longtemps les deux demi-disques dont on veut comparer ou égaliser les teintes ; il est
bon de laisser reposer sa vue toutes les dix secondes, si
l'on veut que l'œil saisisse les plus faibles différences de
teintes qu'il est capable de distinguer.

Lorsque l'uniformité est bien établie pour la teinte sensible, l'opérateur doit s'assurer que l'index porté par l'une des lames du compensateur coïncide bien avec le 0 de la règle divisée portée par l'autre lame. S'il n'en était pas ainsi, on devrait amener cette coïncidence en agissant sur une petite vis V (fig. 39 III) qui permet de déplacer l'échelle en ivoire RR' sans rien changer aux positions respectives des deux lames de quartz.

L'appareil étant alors convenablement réglé, on remplace le tube qui contient l'eau distillée par un second tube que l'on a rempli avec l'urine à examiner. (Cette urine a dû subir les divers traitements que nous avons indiqués au début de ce paragraphe.) Si l'urine contient du sucre, l'égalité de teinte établie avec l'eau distillée ne persistera plus ; les deux demi-disques présenteront des colorations différentes ; on les ramènera à l'égalité en tournant le bouton H (fig. 39 I) du compensateur [1], et l'on fera ainsi varier l'épaisseur de quartz traversée par la lumière, de façon à produire sur cette lumière un effet égal et inverse à celui du liquide examiné. Si l'urine n'a pas été complètement décolorée, il pourra arriver que, lorsqu'on aura rétabli l'uniformité de teinte, la teinte commune des deux demi-disques ne soit plus la teinte sensible ; on devra alors chercher cette teinte en faisant tourner l'anneau molleté B M (fig. 39 III), et agir ensuite de nouveau sur le compensateur de façon à produire une égalité aussi parfaite que possible. Quoi qu'il en soit, une fois cette égalité rigoureusement obtenue pour la teinte sensible, il suffira de lire le nombre de divisions dont s'est déplacé l'index devant la petite échelle en ivoire, pour connaître, en centièmes de millimètre, la quantité dont il a fallu faire varier l'épaisseur de quartz du compensateur afin de détruire l'action du liquide. Chaque centième de millimètre constitue un degré saccharimétrique. Chaque degré saccharimétrique

[1] On devra, dans le cas actuel, faire marcher le petit index d'ivoire vers la gauche.

correspond à 2^{gr},239 de sucre de diabète par litre du liquide soumis à l'examen, en admettant que ce liquide ait été observé sous une épaisseur de 20 centim. Par conséquent, si l'on s'est servi pour la détermination d'un tube de 20 centim., le nombre de degrés lu sur l'échelle multiplié par 2,239 représentera en grammes la quantité Q de sucre de diabète contenue dans un litre du liquide placé dans le tube. Si ce liquide était de l'urine normale, on n'aurait aucune correction à faire subir à la valeur ainsi obtenue ; mais si ce liquide est de l'urine étendue de 10 % de sous-acétate de plomb par exemple, il faudra ajouter, comme nous l'avons dit plus haut, un dixième de sa valeur au nombre Q, pour avoir la quantité de sucre que contenait un litre d'urine avant la dilution. Nous avons vu également que l'on pouvait, dans ce dernier cas, éviter toute correction en employant pour l'examen de l'urine diluée un tube de 22 centim. et multipliant par 2,239 le nombre de degrés saccharimétriques trouvé dans ces conditions. Le produit de ces deux quantités donne alors directement le nombre de grammes de sucre contenu dans un litre de l'urine non diluée.

Remarque. — La valeur du degré saccharimétrique diffère suivant la nature du sucre dissous dans le liquide soumis à l'examen, c'est ainsi qu'un degré saccharimétrique correspond à 1^{gr},635 de sucre de canne et à 2^{gr},019 de sucre de lait par litre de dissolution observée sous une épaisseur de 20 centim.

(*b*) A l'aide du saccharimètre a pénombre de Laurent. — Le saccharimètre de Laurent, représenté en perspective dans la fig. 40 [1], se compose, dans ses parties essentielles,

---

[1] Cette figure représente en réalité, et par suite d'une erreur, le saccharimètre à pénombre de Cornu ; nous l'avons cependant conservée parce que nous n'avons pu nous procurer à temps celle du saccharimètre de Laurent, et que le saccharimètre de Cornu est extérieurement assez semblable à celui de Laurent (petit modèle), pour que l'on puisse suivre sur la figure du premier la description que nous donnons du second.

d'un polariseur placé en A à l'extrémité de l'instrument,
d'une lame de gypse ou de quartz *demi-onde* taillée parallèlement à l'axe, d'un analyseur et d'une lunette. Le polariseur est fixé dans un tube qui s'engage à frottement

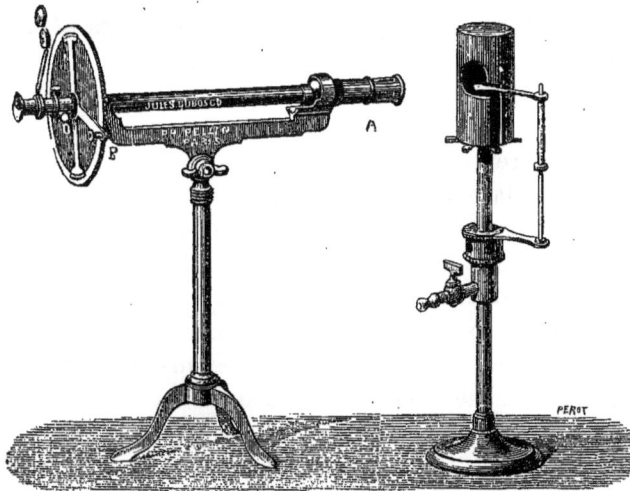

Fig. 40.

doux dans celui qui porte la lame demi-onde ; on peut par
suite faire tourner le polariseur autour de l'axe de l'instrument et donner ainsi à sa section principale telle direction
que l'on désire par rapport à celle de la lame. Un trait de
repère se déplaçant devant une graduation fixe indique à
chaque instant, par sa position, l'angle de ces deux sections
principales. La lame demi-onde recouvre la moitié seulement d'un diaphragme situé au delà du polariseur. L'analyseur est, comme le polariseur, mobile autour de l'axe de
l'instrument ; on peut faire varier à volonté l'angle que sa
section principale fait avec celle de la lame, en agissant,
soit sur la vis O, soit sur le bouton P que l'on aperçoit sur
la figure près de l'extrémité antérieure du saccharimètre.
Dans le premier cas, l'analyseur tourne seul ; dans le se-

14

cond, il entraîne avec lui une alidade qui se déplace sur un cercle gradué. Le cercle porte deux graduations con-centriques, l'une en degrés de circonférence, l'autre en degrés saccharimétriques ayant la même valeur que les degrés du saccharimètre de Soleil. L'alidade est munie de deux verniers qui correspondent à ces deux gra-duations ; l'un donne la minute, l'autre le dixième. Le tube à liquides se place entre la lame demi-onde et l'ana-lyseur.

L'appareil d'éclairage consiste en un bon brûleur Bun-sen dans la flamme duquel on introduit un petit panier de platine contenant un fragment de chlorure de sodium fondu. Ce panier doit être placé sur le bord de la flamme, dans la partie chaude, du côté qui regarde le saccharimètre et un peu au-dessous de l'axe de l'instrument. Une mince lame de bichromate de potasse, disposée au-devant de l'analy-seur et dans le même tube que lui, laisse passer les rayons jaunes émis par la source lumineuse et arrête tous les autres. Les déterminations doivent être faites dans une chambre obscure.

Pour régler le saccharimètre, on commence par placer sur l'instrument un tube rempli d'eau distillée ; puis, en agissant sur le bouton P, on amène le 0 de l'un des ver-niers en regard du 0 de la graduation correspondante (le 0 de l'autre vernier se trouve alors en face du 0 de l'autre graduation) ; on fait ensuite tourner le polariseur de façon que sa section principale fasse un angle assez petit, mais différent de zéro, 3°,5 environ, avec celle de la lame. Les choses étant ainsi disposées, on pointe le saccharimètre sur le brûleur, qui doit être situé à peu près à 20 centim. de l'extrémité A, et, regardant à travers l'oculaire, on met au point la lunette, de façon à rendre aussi net que possi-ble le disque lumineux que l'on aperçoit dans le champ. Si les deux moitiés de cette image n'ont pas la même inten-sité lumineuse, on fera tourner l'analyseur *à l'aide de la vis O* jusqu'à ce que l'on ne distingue plus de différence

entre les deux moitiés du disque. La section principale de
l'analyseur sera alors perpendiculaire à celle de la lame.
On établira d'autant plus exactement l'égalité de tons pour
les deux côtés de l'image, et l'instrument sera d'autant plus
sensible que l'angle des sections principales du polariseur
et de la lame demi-onde sera plus petit; mais l'éclairage
du champ (lorsque l'égalité sera établie) sera aussi d'autant
plus faible, et pourra être parfois insuffisant. L'angle 3°,5
que nous venons d'indiquer se rapporte au cas où les
liquides examinés sont parfaitement incolores et par conséquent à l'eau distillée ; il faudra l'augmenter légèrement
pour les liquides colorés ; le mieux sera donc de régler
la sensibilité de l'appareil, en donnant au polariseur la
position la plus convenable, chaque fois que l'on voudra
établir l'égalité d'éclairage des deux demi-disques.

Cette égalité étant exactement obtenue avec l'eau distillée, on apercevra dans le champ de la lunette un disque
jaune uniforme, séparé en deux moitiés par une fine ligne
noire verticale (fig. 41 II). L'aspect changera si l'on rem-

I   II   III

Fig. 41.

place l'eau distillée par un liquide exerçant une action rotatoire sur la lumière polarisée ; l'une des moitiés du disque
deviendra plus lumineuse et l'autre plus sombre après l'interposition de ce liquide. Ce sera la moitié droite (fig. 41 I)
qui sera la plus éclairée si la substance est dextrogyre, la
moitié gauche (fig. 41 III) si la substance est lévogyre. La
mesure de l'action produite sera indiquée par le déplacement qu'il faudra imprimer à l'analyseur, soit à droite, soit
à gauche, suivant le cas.

On devra, pour la détermination qui nous occupe (dosage

du sucre dans l'urine), commencer par faire subir à l'urine les divers traitements déjà indiqués ci-dessus, afin de l'amener à un état de limpidité et de décoloration suffisantes et de la priver de son albumine si elle en renferme ; puis, l'appareil étant convenablement réglé, on remplacera l'eau distillée par l'urine. Comme le sucre de diabète est dextrogyre, c'est la moitié droite de l'image qui sera la plus éclairée ; il faudra donc faire tourner l'analyseur dans le sens des aiguilles d'une montre *en agissant sur le bouton P*, et rétablir ainsi l'égalité d'éclairage des deux demi-disques. Ce résultat obtenu, on lira de combien de degrés et de dixièmes de degré s'est déplacé le 0 du vernier devant la graduation en degrés saccharimétriques ; et le nombre n trouvé permettra de calculer la quantité de sucre contenue dans un litre de l'urine examinée. On effectuera ce calcul en se basant sur les considérations que nous avons énoncées à propos du saccharimètre de Soleil. La valeur du degré est, en effet, nous l'avons déjà dit, la même pour les deux instruments.

FIN.

PREMIÈRE MANIPULATION.

EXPÉRIENCES A FAIRE ET RÉSULTATS A FOURNIR.

Vérifier le principe d'Archimède pour les corps complètement immergés (pag. 5).

Déterminer la densité d'un solide par la méthode de la balance hydrostatique (pag. 8).

Poids de l'eau déplacée par le corps, $p =$
Température de l'eau, $t^\circ =$
Densité de l'eau à la température t°, $\delta =$
Poids du corps, $P =$

$$\text{Densité du corps à } t^\circ, \ d = \frac{P}{p} \, \delta =$$

Déterminer la densité d'un liquide par la méthode de la balance hydrostatique (pag. 9).

Poids de l'eau déplacée par le plongeur, $p =$
Température de l'eau, $t^\circ =$
Densité de l'eau à la température t°, $\delta =$
Poids du liquide déplacé par le plongeur, $P =$

$$\text{Densité du liquide à } t^\circ, \ d = \frac{P}{p} \, \delta =$$

Déterminer la densité d'un solide par la méthode du flacon (pag. 9).

Poids du corps, $P =$
Température de l'eau du flacon, $t^\circ =$
Densité de l'eau à cette température, $\delta =$
Poids de l'eau déplacée par le corps, $p =$

$$\text{Densité du corps à } t^\circ, \ d = \frac{P}{p} \, \delta =$$

Déterminer la densité d'un liquide par la méthode du flacon (pag. 12)

Poids placé à côté du flacon vide, $n =$
Poids placé à côté du flacon plein du liquide à 0°, $P =$
Poids du liquide à 0° contenu dans le flacon $= n - P =$
Température de l'eau du flacon, $t^\circ =$
Densité de l'eau à cette température, $\delta =$
Poids placé à côté du flacon plein d'eau distillée à t°, $P' =$
Poids de l'eau à t° contenue dans le flacon $= n - P' =$

$$\text{Densité du liquide à } 0^\circ, \ d = \frac{n - P}{n - P'} \, \delta =$$

15

DEUXIÈME MANIPULATION.
EXPÉRIENCES A FAIRE ET RÉSULTATS A FOURNIR.

Vérifier le principe d'Archimède pour les corps flottants (pag. 14).

Déterminer la densité d'un solide avec l'aréomètre de Nicholson (pag. 15).

Poids du corps, $P =$

Poids de l'eau déplacée par le corps, $p =$

Densité du corps, $d =$

Déterminer la densité d'un liquide avec l'aréomètre de Fahrenheit (pag. 16).

Poids de l'aréomètre, $A =$

Poids produisant l'affleurement dans l'eau, $p =$

Poids produisant l'affleurement dans le liquide, $p' =$

Densité du liquide, $d = \dfrac{A + p'}{A + p} =$

Déterminer la densité d'un liquide à l'aide d'un volumètre (pag. 16).

Le volumètre affleure dans le liquide à la division $n =$

Densité du liquide, $d = \dfrac{1000}{n} =$

Déterminer la densité d'un liquide à l'aide d'un densimètre (pag. 17).

Le densimètre affleure dans le liquide à la division $n =$

Densité du liquide, $d = n =$

Déterminer la densité d'une urine avec un urodensimètre (pag. 18).

L'urodensimètre affleure dans l'urine à la division $n =$

Densité de l'urine, $d = n =$

Déterminer la richesse alcoolique d'un vin à l'aide de l'appareil de Salleron et de l'alcoomètre de Gay-Lussac (pag. 18).

Richesse alcoolique indiquée par l'alcoomètre de Gay-Lussac plongé dans le mélange d'alcool et d'eau $=$

Température de ce mélange, $t =$

Richesse alcoolique corrigée $=$

Déterminer la densité d'un liquide à l'aide d'un densimètre de Rousseau (pag. 21). — (a) *Liquides moins denses que l'eau.*

Le densimètre surmonté de la cupule contenant 1^{cme} de liquide affleure au trait $n =$

Densité du liquide, $d = \dfrac{n}{1000} =$

(b) *Liquides plus denses que l'eau.*

Le densimètre surmonté de la cupule contenant 1^{cme} de liquide affleure au trait $n =$

Densité du liquide, $d = \dfrac{n}{1000} =$

TROISIÈME MANIPULATION
EXPÉRIENCES A FAIRE ET RÉSULTATS A FOURNIR.

Compte-gouttes. Valeur des gouttes (pag. 23).

(a) Poids de 20 gouttes de la solution A données par le compte-gouttes de Salleron, $5^{gr} - p =$ Poids d'une goutte $=$

Poids de 20 gouttes de la solution A données par un compte-gouttes ordinaire, $5^{gr} - p' =$ Poids d'une goutte $=$

(b) Poids de 20 gouttes de la solution B données par le compte-gouttes de Salleron, $5^{gr} - p_1 =$

Poids de 20 gouttes de la solution C données par le même compte-gouttes, $5^{gr} - p_2 =$

Mesure et tracé de la pression latérale en un point d'un tube élastique... (pag. 27).

Valeur maxima de la pression $=$ Valeur minima $=$
Remettre le tracé fixé.

Prendre le tracé du pouls de l'artère radiale. — (a) *à l'aide du sphygmographe de Marey* (pag. 31). — (b) *à l'aide de celui de Brondel* (pag. 33). — Remettre ces tracés.

Déterminer la hauteur barométrique avec le baromètre de Fortin [1] (pag. 34).

Le 0 du vernier est à   La division du vernier qui coïncide exactement avec une division de la règle $=$ Hauteur lue, $h =$
Température du baromètre, $t =$
Correction relative à la température $=$
Hauteur de la flèche du ménisque $=$
Correction relative à la capillarité $=$
Correction relative à l'altitude $=$ Hauteur corrigée, $H =$

Étudier le fonctionnement des siphons du Dr Faucher et du Dr Potain (pag. 37 et 38).

Seringue de Pravas. Dosage des solutions pour injections hypodermiques (pag. 39).

Poids de l'eau qui occupe la capacité de $n =$.   divisions de la seringue, $p =$

Capacité d'une division, $\dfrac{p}{n} =$

On désire qu'une division contienne 2^{mg} de substance active, le poids de cette substance qu'il faudra mettre dans 25^{gr} d'eau, $x =$

Étudier le fonctionnement du transfuseur de Collin, de l'aspirateur de Dieulafoy, de l'aspirateur du Dr Potain et de la pompe stomacale de Kussmaul (pag. 40 à 45).

[1] Le résultat de cette détermination sera utilisé pour certaines manipulations qui seront décrites dans la seconde partie de cet ouvrage: dosage de l'urée dans l'urine, etc...; il faudra seulement avoir soin de ne pas faire subir à la hauteur barométrique trouvée la correction relative à l'altitude lorsqu'on voudra porter dans les calculs la valeur de la pression.

QUATRIÈME MANIPULATION.

EXPÉRIENCES A FAIRE ET RÉSULTATS A FOURNIR.

Déterminer l'intensité de l'éclairage en un point de la salle
   1° *avec le photomètre de Landolt* (pag. 46).

$$D = \qquad d = \qquad \log e = -\frac{d}{D} =$$

    L'intensité cherchée $e =$

   2° *Avec le photomètre de M. É. Berlin-Sans* (pag. 47).

$$D_1 = \qquad D_2 = \qquad D = \frac{D_1 + D_2}{2} = \qquad d =$$

    L'intensité cherchée $e = \frac{d^2}{D^2} =$

   3° *Avec le photomètre de Mascart* (pag. 49).

La division de l'échelle devant laquelle se trouve l'index d'ivoire lorsque la tache d'huile n'est plus visible =

L'intensité de l'éclairage au point considéré =

   4° *Avec le photomètre de M. A. Imbert* (pag. 51).

Le nombre de degrés dont il a fallu faire tourner l'index pour qu'on ne puisse plus distinguer la forme des objets-types =

L'intensité de l'éclairage au point considéré =

Détermination de l'indice de réfraction d'un liquide à l'aide du
   réfractomètre d'Abbe (pag. 52).

Indice de l'humeur aqueuse =

Indice de l'humeur vitrée =

Indice de l'eau distillée =

Indice du liquide A =

Indice du liquide B =

CINQUIÈME MANIPULATION.

EXPÉRIENCES A FAIRE ET RÉSULTATS A FOURNIR.

Vérifier la formule $\dfrac{1}{p} + \dfrac{1}{p'} = \dfrac{1}{f}$ *pour les miroirs sphériques* concaves..... (pag. 56).

Pour $p = 130^{cm}$, $p' =$ Pour $p = 35^{cm}$, $p' =$
Pour $p = 70^{cm}$, $p' =$ Pour $p = 30^{cm}$, $p' =$ $f =$

Vérifier la formule $\dfrac{1}{p} + \dfrac{1}{p'} = \dfrac{1}{f}$ *pour les lentilles sphériques* convergentes..... (pag. 60).

(Lent. n° 1)[1] Pour $p = 110^{cm}$, $p' =$ Pour $p = 12^{cm}$, $p' =$
Pour $p = 65^{cm}$, $p' =$ Pour $p = 8^{cm}$, $p' =$ $f =$

Déterminer la distance focale principale d'une lentille convergente (pag. 63).

(Lent. n° 1) $f =$ Numéro en dioptries, $n =$
(Lent. n° 2) $f =$ Numéro en dioptries, $n =$

Disposition donnée aux lentilles pour constituer une loupe de Brücke (pag. 64).

Distance de l'objet à la lentille n° 1 =
Distance de l'image de cet objet à la lentille n° 1 =
Distance de la lentille divergente D de distance focale $= 0^m,05$ à la lentille n° 1 =

Disposition donnée aux lentilles pour constituer un microscope composé (pag. 65).

1° *Sans verre de champ.* Distance de l'objet à la lentille n° 1 =
                    Distance de l'image à la lentille n° 1 =
                    Distance de la lentille n° 2 à la lentille n° 1 =

2° *Avec verre de champ.* Distance de l'objet à la lentille n° 1 = [2]
                    Distance de la lentille n° 3 à la lentille n° 1 =
                    Distance de l'image à la lentille n° 1 =
                    Distance de la lentille n° 2 à la lentille n° 1 =

Lentilles cylindriques simples (pag. 66).
(Lent. n° 4) Pour $p = 110$, $p' =$ Pour $p = 40$, $p' =$
Lentilles sphéro-cylindriques (pag. 68).
(Lent. n° 5) Pour $p = 110$, p' (1re image) = p'_1 (2e image) =
       Pour $p = 40$, p' (1re image) = p'_1 (2e image) =

---

[1] Ces numéros sont de simples numéros d'ordre qui, à chaque manipulation, correspondent à des lentilles différentes.
[2] Placer l'objet à la même distance de la lentille que dans le cas précédent.

CINQUIÈME MANIPULATION.

EXPÉRIENCES A FAIRE ET RÉSULTATS A FOURNIR (suite).

Déterminer le numéro d'un verre à l'aide du phakomètre de Snellen (pag. 70).

(a) *Cas d'une lentille sphérique convergente.*
(Lent. n° 6) Numéro en dioptries, $n =$ $f =$

(b) *Cas d'une lentille sphérique divergente.*
(Lent. n° 7) Numéro en dioptries, $n =$ $f =$

(c) *Cas d'une lentille cylindrique.*
(Lent. n° 8) Num. en dioptries, $n =$ $n_1 =$ $f =$ $f_1 =$
Tracer à l'encre sur la lentille n° 8 la direction de l'axe.

Déterminer le numéro d'un verre à l'aide du phakomètre du Dr Badal (pag. 74).

(a) *Cas d'une lentille sphérique* [1].
(Lent. n° 9) Numéro en dioptries, $n =$ $f =$
(Lent. n° 10) Numéro en dioptries, $n =$ $f =$
(Lent. n° 11) Numéro en dioptries, $n =$ $f =$
(Lent. n° 12) Numéro en dioptries, $n =$ $f =$

(b) *Cas d'une lentille cylindrique (Phakomètre de M. Imbert).*
(Lent. n° 13) Num en dioptries, $n =$ $n_1 =$ $f =$ $f_1 =$
(Lent. n° 14) Num. en dioptries, $n =$ $n_1 =$ $f =$ $f_1 =$
Tracer à l'encre sur les lentilles n°s 13 et 14 la direction de l'axe.

Déterminer le numéro d'un verre à l'aide d'une boîte de verres (pag. 78).

(a) *Cas d'une lentille sphérique.*
(Lent. n° 15) Numéro en dioptries, $n =$ $f =$
(Lent. n° 16) Numéro en dioptries, $n =$ $f =$

(b) *Cas d'une lentille cylindrique.*
(Lent. n° 17) Num. en dioptries, $n =$ $n_1 =$ $f =$ $f_1 =$
Tracer à l'encre sur la lentille n° 17 la direction de l'axe.

Déterminer le centre d'un verre sphérique (pag. 83).
Marquer à l'encre sur le verre n° 18 la position du centre.

Vérification des verres neutres (pag. 83).
Tracer à l'encre sur le verre n° 19 la direction de l'arête du prisme qu'il constitue.

---

[1] Deux des quatres lentilles n° 9, 10, 11, 12 sont positives, deux sont négatives; l'une des deux lentilles positives est d'un numéro plus fort que 10 dioptries, l'autre d'un numéro plus faible; de même pour les lentilles négatives.

SIXIÈME MANIPULATION.

EXPÉRIENCES A FAIRE ET RÉSULTATS A FOURNIR.

*Étudier les procédés indiqués ci-après pour reconnaître la simu-
lation de l'amaurose unilatérale : Procédés de Herter* (pag. 84),
de Flees (pag. 85), *de M. E. Bertin-Sans* (pag. 85), *de Monoyer*
(pag. 86), *de Galezowski* (pag. 88), *de Snellen* (pag. 89).

Mesure de l'acuité visuelle (pag. 90).
Acuité visuelle à l'œil nu $=$
Acuité visuelle au trou d'épingle $=$
Acuité visuelle après l'addition du verre correcteur $=$

*Déterminer le punctum remotum ou le degré d'amétropie, le
punctum proximum et le pouvoir accommodatif.*

(a) *Avec la boîte de verre ou l'un des disques de Javal ou de Perrin.*
Distance en dioptries du remotum à l'œil examiné (pag. 92), R $=$
Distance en dioptries du proximum à ce même œil (pag. 107), P $=$
Pouvoir accommodatif mesuré, A $=$ P $-$ R $=$
Pouvoir accommodatif calculé d'après la formule (pag. 112), A $=$
Distance du punctum remotum au même œil après qu'on a placé
devant lui le verre *a*, R' $=$
Numéro du verre $a =$ R' $-$ R $=$

(b) *Avec l'optomètre de Perrin et Mascart* (pag. 101 et 109).
R $=$ P $=$ A mesuré $=$ P $-$ R $=$ A calculé $=$
Placer devant l'œil le verre *b*. R' $=$ Numéro du verre $b =$

(c) *Avec l'optomètre de Badal* (pag. 102 et 109).
R $=$ P $=$ A mesuré $=$ P $-$ R $=$ A calculé $=$
Placer devant l'œil le verre *c*. R' $=$ Numéro du verre $c =$

(d) *Avec l'optomètre de Bull* (pag. 104 et 110).
R $=$ P $=$ A mesuré $=$ P $-$ R $=$ A calculé $=$
Placer devant l'œil le verre *d*. R' $=$ Numéro du verre $d =$

*Mesurer le degré d'amétropie par le procédé basé sur l'aberration
chromatique de l'œil* (pag. 106).

Degré d'amétropie de l'œil examiné $=$

Mesurer la distance du proximum par le procédé clinique (pag. 111):
Distance du proximum au foyer antérieur de l'œil examiné $=$

SEPTIÈME MANIPULATION.

EXPÉRIENCES A FAIRE ET RÉSULTATS A FOURNIR.

Mesurer l'astigmatisme cornéen avec le kératoscope de Wecker et Masselon (pag. 116).

Direction du méridien le plus réfringent de l'œil A =
Degré d'astigmatisme de cet œil =

Mesurer l'astigmatisme cornéen avec le kératoscope de Hubert et Prouff (pag. 118).

Direction du méridien le plus réfringent de l'œil B =
Degré d'astigmatisme de cet œil =

Mesurer l'astigmatisme cornéen avec l'ophtalmomètre pratique de Javal et Schiotz (pag. 120).

Direction du méridien le plus réfringent de l'œil A =
de l'œil B =   de l'œil C =   de l'œil D =
Degré d'astigmatisme de l'œil A =   B =   C =   D =

Mesurer le degré d'astigmatisme total par la méthode de la boîte de verres (pag. 131).

(Œil droit de M^r), dir. du méridien le plus réfringent =
Degré d'astigmatisme =
Degré d'amétropie du méridien le plus réfringent =
Degré d'amétropie du méridien le moins réfringent =   Notation
(Œil gauche), direction du méridien le plus réfringent =
Degré d'astigmatisme =
Degré d'amétropie du méridien le plus réfringent =
Degré d'amétropie du méridien le moins réfringent =   Notation
(Lunette A [1]) Num. du verre, n = n_1 =   Dir. de l'axe =
(Lunette B) Num. du verre, n = n_1 =   Dir. de l'axe =
(Lunette C) Num. du verre, n = n_1 =   Dir. de l'axe =

Mesurer un rayon de courbure de la cornée à l'aide de l'ophtal-momètre de Helmholtz (pag. 138).

Direction du méridien dont on veut mesurer le rayon de courbure =
Angle dont il a fallu tourner chaque lame pour dédoubler l'image =
Grandeur de l'image, y' =   Grandeur de l'objet, y =
Distance de l'objet à la cornée, p =
Rayon de courbure de la cornée dans le méridien considéré,

$$r = 2f = 2p\ \frac{y'}{y - y'} =$$

[1] Dans chaque lunette sont fixés, d'un côté un verre cylindrique ou sphéro-cylindrique, de l'autre un écran en verre dépoli.

HUITIÈME MANIPULATION.

EXPÉRIENCES A FAIRE ET RÉSULTATS A FOURNIR.

Examen de l'œil à l'éclairage oblique (page 143).

Examen de l'œil à l'ophtalmoscope (pag. 144).

Dessiner le fond de l'œil de Perrin.

Transcrire ce qui est écrit au fond de l'œil de Parent.

Déterminer le degré d'amétropie d'un œil à l'aide de l'ophtal-moscope à réfraction (pag. 149).

Numéro du verre qui rend l'observateur emmétrope =

Numéro du verre qui fait voir nettement l'image droite du fond de l'œil de Parent lorsque l'aiguille est sur la division + 4 [1] =

Degré d'amétropie de cet œil =

Numéro du verre qui fait voir nettement l'image droite du fond de l'œil de Parent lorsque l'aiguille est sur la division — 3 =

Degré d'amétropie de cet œil =

Déterminer le degré d'astigmatisme à l'aide de l'ophtalmoscope à réfraction (pag. 154).

Placer devant l'œil de Parent la lentille A en dirigeant horizon-talement le trait tracé sur cette lentille [2]. Mettre l'aiguille sur la division + 3. Le degré d'amétropie du méridien le plus réfringent de l'œil ainsi disposé =

Le degré d'astigmatisme de cet œil =

Le méridien le plus réfringent fait avec la verticale un angle de :

Déterminer le degré d'amétropie d'un œil par le procédé de Cuignet (pag. 156).

Placer l'aiguille de l'œil de Parent sur la division — 5

Le degré d'amétropie de cet œil =

Diagnostic de la dyschromatopsie à l'aide des laines de Holmgren (pag. 158).

Indiquer le résultat de l'examen.

Diagnostic de la dyschromatopsie à l'aide du chromatoptomètre de Chibret (pag. 159).

Indiquer le résultat de l'examen.

Mesurer l'étendue du champ visuel à l'aide du périmètre du Dr Badal (pag. 163).

Remettre le tracé du champ visuel.

Examen du larynx à l'aide du laryngoscope (pag. 166).

Indiquer les numéros apparus sur le tableau indicateur lorsqu'on a touché les divers points du laryngo-fantôme marqués de 1 à 8.

Etudier la disposition de l'otoscope de Burton (modèle Collin) et de l'uréthroscope de Desormeaux (modèle Collin) (pag. 168 et 169).

[1] Ces divisions sont arbitraires.
[2] Ce trait fait un certain angle avec l'axe.

16

NEUVIÈME MANIPULATION.

EXPÉRIENCES A FAIRE ET RÉSULTATS A FOURNIR.

Étude du microscope (pag. 170).

Indiquer approximativement l'état de son accommodation pendant l'observation au microscope.

Mesurer le grossissement d'un microscope et le diamètre réel des objets par le procédé de la chambre claire (pag. 175).

(Objectif n° [1]   )   (Oculaire n° [1]   )

Le dessin de $n =$ divisions du micromètre objectif occupe sur le papier une longueur =

$I =$ $d =$ $O = \dfrac{1}{100}$ de millimètre $D =$

Le grossissement $G =$

Le diamètre réel de l'objet $A =$

Mesurer le diamètre réel des objets par le procédé du micromètre oculaire (pag. 178).

(Objectif n° [1]   )   (Oculaire micrométrique)   (Tirage [2]   )

$n =$ $n' =$ $n'' =$ Le diamètre réel de l'objet $B =$

Numération des globules rouges du sang avec l'hématimètre de Hayem et Nachet (pag. 180).

$n =$ N = 31000 $n =$

Dosage de l'hémoglobine dans le sang.

(a) *à l'aide du chromomètre d'Hayem par le procédé des teintes coloriées* (pag. 184).

$R =$ $G = \dfrac{R}{N} =$

(b) *A l'aide de l'hématoscope d'Hénocque par le procédé diaphano-métrique* (pag. 185).

Quantité d'hémoglobine contenue dans 100 gram. du sang examiné =

Déterminer la quantité de matière colorante contenue dans une solution à l'aide du colorimètre de Duboscq (pag. 187).

$e =$ $e' =$ $p = 10$gr par litre $p' = p\,\dfrac{e}{e'} =$

---

[1] Les numéros que l'on doit choisir sont indiqués à chaque manipulation.
[2] Maximum ou minimum?

DIXIÈME MANIPULATION.

EXPÉRIENCES A FAIRE ET RÉSULTATS A FOURNIR.

Etude des spectres d'émission des vapeurs incandescentes (pag. 194).
Graduation du spectroscope en longueurs d'onde (pag. 196).

Faire coïncider la raie jaune du sodium avec la division 100
La raie rouge du potassium coïncide avec la division $n =$
La raie rouge du lithium   — $n =$
La raie verte du thallium   — $n =$
La raie bleue du strontium   — $n =$
La raie bleue de l'indium   — $n =$
Tracer la courbe du spectroscope $=$
La longueur d'onde de la première raie bleue du Cæsium $=$

Etude des spectres d'absorption des solides et des liquides (pag. 197).

Etudier les spectres de différents verres colorés.
Le milieu de la 1re bande de l'oxyhémoglobine coïncide avec la
division $n =$. $\lambda =$
Le milieu de la 2e bande de l'oxyhémoglobine coïncide avec la
division $n =$ $\lambda =$
Le milieu de la bande de Stokes coïncide avec la div. $n =$ $\lambda =$
Le milieu de la 1re bande de l'hémoglobine oxycarbonée coïncide
avec la division $n =$ $\lambda =$
Le milieu de la 2e bande de l'hémoglobine oxycarbonée coïncide
avec la division $n =$ ' $\lambda =$

*Dosage de l'oxyhémoglobine dans le sang à l'aide de l'hématospec-
troscope d'Hénocque* (pag. 201).

Quantité d'oxyhémoglobine contenue dans 100 gram. de sang $=$

Dosage du sucre dans l'urine (a) *à l'aide du saccharimètre de Soleil*
(pag. 202).

Nombre de degrés saccharimétriques trouvés, $n =$
Nombre de grammes de sucre contenu dans 1 litre d'urine, $Q =$

(b) *A l'aide du saccharimètre à pénombre de Laurent* (pag. 208).

Nombre de degrés saccharimétriques trouvés, $n =$
Nombre de grammes du sucre contenu dans 1 litre d'urine, $Q =$

TABLE DES MATIÈRES

OPTIQUE.

QUATRIÈME MANIPULATION.

PREMIÈRE PARTIE.

DEUXIÈME PARTIE.

CINQUIÈME MANIPULATION

NEUVIÈME MANIPULATION.

DIXIÈME MANIPULATION.

PREMIÈRE PARTIE.

DEUXIÈME PARTIE.

FIN DE LA TABLE DES MATIÈRES.

Publications de la Librairie Camille COULET, Éditeur

Abelous (Émile). Recherches sur les microbes de l'estomac à l'état normal et leur action sur les substances alimentaires; par le Dr Émile Abelous. Montpellier, 1889, 1 vol. grand in-8° de 163 pages avec planches. Prix..

Baumel (E.). Maladies de l'appareil digestif. Leçons faites à la Faculté de Médecine de Montpellier. 2 vol. in-8° avec figures et planches. 17 fr.
— Capsules surrénales et mélanodermie. A propos de deux nouveaux cas de maladie bronzée d'Addison. 1889, Brochure in-8°....... 2 fr.

Castan (A.). Traité élémentaire des fièvres; par le Dr A. Castan, professeur agrégé à la Faculté de Médecine de Montpellier; 2° édition, revue et augmentée. Montpellier, 1872, 1 vol. in-8° de 416 pages. 7 fr.

Combemale. La descendance des alcooliques. 1 vol. in-8. 1888. 3 fr.50

Courrent. Étude histologique et clinique du sarcome des os. In-8°, avec 2 planches, 1886. Prix.................................... 4 fr.

Bonnet. Étude histologique et clinique du carcinome stomacal et de ses rapports avec la tuberculose pulmonaire, 2° édition, précédée d'une préface de M. le professeur Castan. 1 vol. in-8, avec planch. 1887. 4 fr.

Dubrueil (A.) Leçons de clinique chirurgicale; par A. Dubrueil, professeur à la Faculté de Médecine de Montpellier. 2 vol. in-8°, 1880-1890. Prix.. 12 fr.
Nota. — Le tome premier ne se vend pas séparément.

Émery. Renaudot et l'introduction de la médication chimique. Étude historique d'après des documents originaux. 1 vol. in-8, 1889.. 3 fr. 50

Garimond (É.). Traité théorique et pratique de l'avortement considéré au point de vue médical, chirurgical et médico-légal, par Émile Garimond, professeur agrégé à la Faculté de Médecine de Montpellier, 1869. 1 vol. in-8° de 476 pages. Prix.................... 7 fr. 50

Gombert (V.). Recherches expérimentales sur les microbes des conjonctives à l'état normal (Travail du Laboratoire de Physiologie); par le Dr Victor Gombert. Montpellier, 1889. 1 vol. in-8, avec une planche lithographiée. Prix........................... 3 fr. 50

Grasset (J.). Leçons de clinique médicale, faites à l'hôpital Saint-Éloi de Montpellier (novembre 1886 à juillet 1890); par le Dr J. Grasset, professeur de clinique médicale à la Faculté de Médecine de Montpellier. 1 vol. in-8° Cavalier de 758 pages avec 3 figures dans le texte et 10 planches lithographiées, 1891. Prix................... 12 fr.

Lapeyre (C.). Du processus histologique que développent les lésions aseptiques du foie produites par injections intra-parenchymateuses d'acide phénique, de la régénération hépatique et de son mécanisme; par le Dr Constant Lapeyre. Montpellier, 1889, 1 vol. in-8, avec 3 planches en chromo. Prix.................................. 5 fr.

Loret (H.) et **Barrandon** (A.). *Flore de Montpellier*, comprenant l'analyse descriptive des plantes vasculaires de l'Hérault, leurs propriétés médicinales, les noms vulgaires et les noms patois, et un Vocabulaire des termes de botanique, avec une Carte du département. Montpellier, 1877, 2 vol. in-8; prix 6 fr. Franco poste.............. 7 fr. 25

Masse (E.). De l'Influence de l'attitude des membres sur les articulations au point de vue physiologique, clinique et thérapeutique; par le Dr E. Masse, professeur à la Faculté de Médecine de Bordeaux; troisième édition, revue et augmentée. Montpellier, 1880. 1 vol. in-4° de 226 pag. avec 18 planches et dessins intercalés dans le texte......... 10 fr.

Sabatier. Recueil des Mémoires sur la morphologie des Éléments sexuels et sur la nature de la Sexualité. 1 vol. in-4°, avec planches, 1886. 15 fr.
— Études sur le cœur et la circulation centrale dans la série des Vertébrés; anatomie et physiologie comparée; philosophie naturelle. 1 vol in-4 de 476 pages et 16 planches en chromolithographie. 1873....... 30 fr.

www.ingramcontent.com/pod-product-compliance
Lightning Source LLC
Chambersburg PA
CBHW071635200326
41519CB00012BA/2302